ZEITSCHRIFT FÜR ANGEWANDTE GEOLOGIE

HERAUSGEGEBEN VON

DER STAATLICHEN GEOLOGISCHEN KOMMISSION

UND DER ZENTRALEN VORRATSKOMMISSION

DER DEUTSCHEN DEMOKRATISCHEN REPUBLIK

AUS DEM INHALT

AKADEMIE-VERLAG · BERLIN

BAND 4 / HEFT 12

DEZEMBER 1958

SEITE 545–592

INHALT

Die ZEITSCHRIFT FÜR ANGEWANDTE GEOROGIE berichtet ständig ausführlich über folgende Arbeitsgebiete: Geologische Grundlagenforschung und Lagerstättenforschung / Methodik der geologischen Erkundung / Ökonomie und Planung der geologischen Erkundung / Technik der geologischen Erkundung / Geologie und Lagerstättenkunde im Ausland / Bibliographie, Verordnungen, Richtlinien, Konferenzen, Personalnachrichten

Die ZEITSCHRIFT FÜR ANGEWANDTE GEOLOGIE ist kein Organ einer engen Fachgruppe. Auf ihren Seiten können alle strittigen Fragen der praktischen Geologie behandelt werden. Die Autoren übernehmen für ihre Aufsätze die übliche Verantwortung

---

Herausgeber: Staatliche Geologische Kommission und Zentrale Vorratskommission für mineralische Rohstoffe der Deutschen Demokratischen Republik. Chefredakteur: Prof. Dr. Erich Lange, Berlin. Redaktion: Berlin N 4, Invalidenstraße 44. Verlag: Akademie-Verlag GmbH, Berlin W 8, Mohrenstraße 39 (Fernsprecher 200386, Postscheckkonto: Berlin 35021). Bestell- und Verlagsnummer des Heftes: 1047/4/12. Die „Zeitschrift für angewandte Geologie" erscheint monatlich. Bezugspreis 2,– DM je Heft. – Satz und Druck: Druckhaus „Maxim Gorki", Altenburg. Veröffentlicht unter der Lizenznummer ZLN 5008 des Ministeriums für Kultur, Hauptverwaltung Verlagswesen. Karten: MdI. der DDR Nr. 4385, 4422 / K 11. Printed in Germany.

ZEITSCHRIFT FÜR ANGEWANDTE GEOLOGIE

CHEFREDAKTEUR: PROF. DR. E. LANGE

BAND 4 · DEZEMBER 1958 · HEFT 12

Die Bedeutung der Geologie beim Aufbau des neuen China

ARNO SCHÜLLER, z. Z. Peking

Der sozialistische Aufbau des neuen China geht mit einem Tempo und in einem Ausmaß vor sich, wie es niemand für möglich hält. Die geologische Erforschung des Landes geht dem Aufbau der Klein- und Großindustrie sachgemäß voraus. Täglich werden neue Lagerstätten, große und größte, entdeckt. Neue Vorräte und ergänzende Rohstoffe werden in den bereits im Aufbau befindlichen Wirtschaftsgebieten hinzugewonnen. Regierung und Volk achten die Geologie als diejenige Wissenschaft, die entscheidende Voraussetzungen für die Industrialisierung des Landes schafft. Diese Wertschätzung ist für alle ein sichtbarer und mächtiger Ansporn.

China ist durch seine Boden- und Grundwasserverhältnisse vor allen Ländern der Erde begünstigt. Die landwirtschaftliche Produktion wird noch lange die Grundlage der Wirtschaft des chinesischen Volkes sein. Die erste Sorge der Regierung gilt daher der Verbesserung der Landwirtschaft. Ein riesiges System von Wassergräben mit einer Länge von vielen Tausend Kilometern ist ausgehoben worden. Die Erdmassen, die beim Bau der Dämme, Talsperren und Kanäle bewältigt werden mußten, würden ausreichen, um eine 66 m breite und 1 m hohe Straße von der Erde bis zum Mond oder einen 1 · 1 m starken, 26mal um den Äquator führenden Erdwall zu errichten.

Die große Tiefebene und die Gebirge Chinas sind in Massenaktionen von Hunderttausenden aus Stadt und Land mit vielen Millionen Bäumen bepflanzt worden. Diese Aufforstung wird eine wesentliche Verbesserung des Bodenklimas und eine äußerst wirksame Regulierung der Wasserverhältnisse herbeiführen. Sie schützt vor den jährlichen Überschwemmungen in den Monaten der Regenzeit und schafft wieder eine normale Bodenerosion. Allein in der Stadtprovinz Peking, der kleinsten chinesischen Provinz, wurden 25 Millionen Bäume und Stecklinge gepflanzt. In der großen, dichtbevölkerten Tiefebene Chinas gab es weit und breit keine Wälder. Viele Gebirge, teilweise noch mit guter Erde bedeckt, waren kahle Felswüsten. Heute tragen fast alle schon Bäume und Sträucher, sofern der Bauer nicht bis zum Gipfel hinauf seine Terrassenfelder angelegt hat. An den Flußbetten, die im Sommer meistens ohne Wasser sind und mit ihrem weißen Sand und Steingeröll wie riesige Bänder das Land durchziehen, und an den Eisenbahndämmen stehen bereits schmale Streifen von grünen Wäldern von vielen hundert Kilometern Länge. Auch die Fernlandstraßen sind mit 10 m hohen Pappeln gesäumt, die vor 7 oder höchstens 10 Jahren gepflanzt wurden. Man glaubt kaum, daß dieses alles erst in neuester Zeit gewachsen sein soll.

Die Länge der neugebauten Straßen beträgt 140000 km. Bis zur Befreiung waren in der Volksrepublik China nur 75000 km Fernstraßen vorhanden. Für die Verbesserung des Verkehrs und die Versorgung innerhalb der Provinzen wurden 6100 km Eisenbahnlinien mit Hunderten von Brücken gebaut. Im zweiten Fünfjahrplan werden 15000 km neue Eisenbahnstrecken verlegt werden. Die Fernzüge fahren bereits mit einer Geschwindigkeit von 90 km/h und mehr.

Das neue China kann seine Industrie in den Provinzen auf große Vorkommen von Kohle und Eisenerzen aufbauen. In den 27 Provinzen (vgl. Karte 1), deren jede mindestens die Größe von Gesamtdeutschland und eine Einwohnerzahl von durchschnittlich 10—40 Millionen Menschen besitzt, lagern fast überall große Vorräte bester, oft anthrazitischer Steinkohle neben Eisenerzen höchster Qualität. In allen Teilen des Landes, am Rande der großen Städte aber auch im Innern und im Westen, weitab von der hochbevölkerten Tiefebene, wachsen die Industriewerke empor. Die 500 Millionen chinesischer Bauern und die mehr als 100 Millionen Arbeiter gehen von der handwerklichen Produktion zur modernen Großindustrie über. Sie bauen sich die hierzu erforderlichen modernen Werke mit Unterstützung der Sowjetunion auf. Auch unsere Deutsche Demokratische Republik ist an dem Bau großer Industrieanlagen maßgeblich beteiligt. Das wird überall, wohin man zum Besuch kommt, von unseren chinesischen Freunden dankbar anerkannt.

Die Wissenschaftler und Techniker der Forschungsinstitute des Ministeriums für Geologie, des Ministeriums für Bergbau und Hüttenwesen und die vielen hundert Geologen der Academica Sinica haben in allen Teilen des Landes Vorräte an mineralischen Rohstoffen nachgewiesen, die ans Märchenhafte grenzen. Verf. benutzt für diesen Beitrag lediglich veröffentlichte Angaben aus der Zeitschrift „Hsinhua News Agency Release" und aus den Tageszeitungen, die im Laufe des letzten Jahres gesammelt wurden. Die neuesten, meist persönlichen Informationen sind nicht verwendet worden.

Es ist zunächst interessant, mit welchen Methoden solche erstaunlichen Erfolge erzielt werden. Die Forschungsarbeit zur Erkundung der geologischen Verhältnisse und zum Aufsuchen von Erdöl, Kohle und Erzen verschiedenster Art verläuft naturgemäß völlig anders als in unseren Ländern. 1957 wurden 87 Gruppen von Geologen zur Prospektion von Cu, Pb, Zn, Fe und Kohlen ausgeschickt. In diesem Jahr sind mehr als 500 geologische Arbeitsgruppen an der Arbeit, um bereits existierende Industriezentren mit neuen Rohstoffen zu versorgen, die Rohstofflage zu verbessern und große Industriekombinate im Laufe der nächsten 3 Fünfjahrpläne aufzubauen. Im Jahre 1958 haben die Geologen den Auftrag, neue Reserven, insbesondere von Eisen, Mangan, Kohle, Kupfer, Aluminium, Blei, Zink, Wolfram und Molybdän, nachzuweisen. Südlich des Jangtse-Flusses konnten überraschend neue Vorkommen von Erdöl entdeckt werden, obwohl nach der bestehenden Lehrmeinung diese Gebiete als nicht höffig galten. Ein wichtiges Ziel dieses Jahres ist die Suche nach größeren Vorkommen an Chrom, Quecksilber, Nickel, Gold, seltenen Metallen und vor allem nichtmetallischen Rohstoffen. Von der Akademie der Wissenschaften werden Forschungsgruppen entsandt, deren Aufgabe es ist, den geologischen Charakter und die Entstehung bereits bekannter großer Lagerstätten zu untersuchen, um Anhaltspunkte für die Erschließung weiterer und größerer Vorräte zu gewinnen. Die Universitäts-Geologen und Petrographen sind mit Hunderten von Studenten höherer Semester in den Ferien unterwegs, um als Praktikum innerhalb der nächsten 3 Jahre für die wichtigsten Gebiete die geologische Übersichtskarte 1:200000 aufzunehmen. Eine Übersichtskarte 1:1 Million ist für mindestens 40% des Landes bereits vorhanden. Die wichtigste Aufgabe der vergangenen Jahre bestand darin, im südlichen China neue Kohlelagerstätten zu erkunden, ebenso wie neue Mangan- und Phosphorlagerstätten im nördlichen Teil Chinas. Insgesamt sind 46 verschiedene metallische und nichtmetallische Lagerstättentypen in Untersuchung. Neben der Erkundung von Rohstoffen laufen kooperativ hydrogeologische und geophysikalische Untersuchungen. Ebenso arbeiten die Forschungsgruppen für Land- und Forstwirtschaft engstens mit den Geologen zusammen. Das ist die wissenschaftliche Methode der geologischen Forschung, wie sie in den westlichen Ländern entwickelt und in der Sowjetunion während der Fünfjahrpläne in großem Maßstab in die Praxis umgesetzt worden ist.

In China benutzt man aber auch den interessierten Laien und vor allen Dingen den Bauern und die Schüler, um geologische Erkundungen durchzuführen, da viele Teile des Landes von den wissenschaftlich geschulten Fachleuten noch nicht besucht werden konnten. So hat man tausend Bauern durch geologische Kurzlehrgänge so weit geschult, daß sie in der Provinz Yünnan in Südwestchina eine erste geologische Erkundung durchführen können, deren Ergebnisse die Wissenschaftler ihrer Forschung in diesen Gebieten zugrunde legen werden. In anderen Provinzen werden ältere Schüler systematisch dazu eingesetzt, um in den großen, von Verkehrswegen abseits liegenden Gebieten, die meist auch schwer zugänglich sind, Gesteine zu sammeln, um dadurch zur Erkundung eventueller Lagerstätten beizutragen. Dem Bezirksleiter sind Kollektoren zugeteilt, die eine erste geologische Untersuchung des Geländes durchführen. In jeder der 27 Provinzhauptstädte befindet sich mindestens eine geologische Dienststelle mit einer großen Zahl junger wissenschaftlicher Mitarbeiter. Auf diese Weise rückte China mit seinen Vorräten an W, Mo, Sn und Sb an die erste Stelle in der Welt. In bezug auf seine Vorräte an Kohle steht es zumindest an dritter Stelle.

Erdöl

China hat große Erdölfelder. In der Provinz Sinkiang (Abb. 2) befindet sich das Karamaifeld, das seine Produktion bis 1958 auf 3 Mio t steigern wird. Das Yümen-Ölfeld ist das zweitgrößte Ölfeld, das durch Neuentdeckung des Yaerhchia-Ölfeldes eine bedeutende Konkurrenz erhalten hat. Man hat in diesem neuentdeckten Ölgebiet im Jahre 1958 bereits eine Produktion von 40000 t erreicht. Weitere Erkundungen sind im Gange. Das Tsaidam-Ölfeld besitzt die größten Reserven und wird sich zu einem Industriekombinat erster Ordnung entwickeln, da zugleich mindestens 45 Rohstofflagerstätten verschiedenster Art in bauwürdiger Größe nachgewiesen wurden. Eine Überraschung für die Fachleute war die Entdeckung großer Erdöllagerstätten in der Provinz Szechuan. Im Laufe des nächsten Fünfjahrplanes werden hier 200 kleinere Produktionsfelder eröffnet, die zusammen mit der umfangreichen, bereits sehr alten Industrie der Provinz für die zentrale Planung von außerordentlicher Bedeutung sind. Nicht weniger als 14 erdölhöffige geologische Strukturen sind hier entdeckt worden. Das gesamte Gebiet umfaßt eine Fläche von etwa 20000 km². Entsprechende Industriewerke für die Verarbeitung des gewonnenen Öls und für die Raffination von Ölschiefern, die ebenfalls einen Ölgehalt von 5–20% aufweisen, sind planmäßig entwickelt. Im Laufe des letzten Jahres sind weitere große Erdölreserven im Gebiet von Urumtschi in der Provinz Sinkiang entdeckt worden.

Im Tsaidambecken in der Provinz Chinghai in Nordwestchina werden täglich 280000 m³ Erdgas gewonnen. Wahrscheinlich sind mit den Erdgasquellen auch weitere Ölfelder verbunden. Das Ministerium für Erdölindustrie beabsichtigt die Erhöhung der Ölproduktion durch beschleunigten Ausbau der Ölfelder und Raffinerien und durch verstärkten Einsatz geologischer Forschungsgruppen. Neben dem weiteren Ausbau des Yümen-Ölfeldes wird das Karamai-Ölfeld in Sinkiang die zweite Stelle einnehmen.

Außerdem wird man auf der Energiebasis der reichen Erdgasfelder synthetische Ölraffinerien in der Provinz Szechuan errichten.

Mehr als 500 ölführende Strukturen sind in der letzten Zeit als Ergebnis einer allgemeinen geologischen Erforschung auf einer Fläche von mehr als 1 Mio km² lokalisiert worden. Über ein Viertel des chinesischen Gebietes besteht aus sedimentären Schichten, d. h. mehr als 2 Mio km² bieten die Aussicht für die Entdeckung von Öllagerstätten.

Die Geologen nehmen an, daß außer den genannten Vorkommen auch in den Provinzen Kweichow, Kwangsi und Yünnan Öl vorhanden ist. Die Entdeckung des Ölfeldes im Innern der Provinz Szechuan läßt erwarten, daß sich auch noch ähnliche Formationen in drei weiteren Provinzen als ölhöffig erweisen werden.

Kohle

Die bauwürdigen Vorräte an Kohle in der VR China werden z. Z. auf 1000 Mrd. t geschätzt (Abb. 4). Die Förderung an Kohle betrug während des ersten Fünfjahrplanes von 1953–1957 128,61 Mio t. 1959 wird die VR China die Förderung Großbritanniens erreichen. Im 4. Fünfjahrplan (bis Ende 1972) sollen 800 Mio t gefördert werden.

Die größten Vorkommen an Steinkohle, meist bester Qualität, mit Flözmächtigkeiten bis durchschnittlich 3 m befinden sich bei Fushun in der Provinz Liaoning; 1958 wurden dort 11 Mio t Steinkohle gefördert. Außerdem wurden 7 Mio t Ölschiefer abgebaut, die oft als Deckgebirge über den Kohlen liegen. Liaoning ist ein Zentrum der Schwerindustrie. Im Laufe des zweiten Fünfjahrplanes werden dort 5 neue Steinkohlengebiete

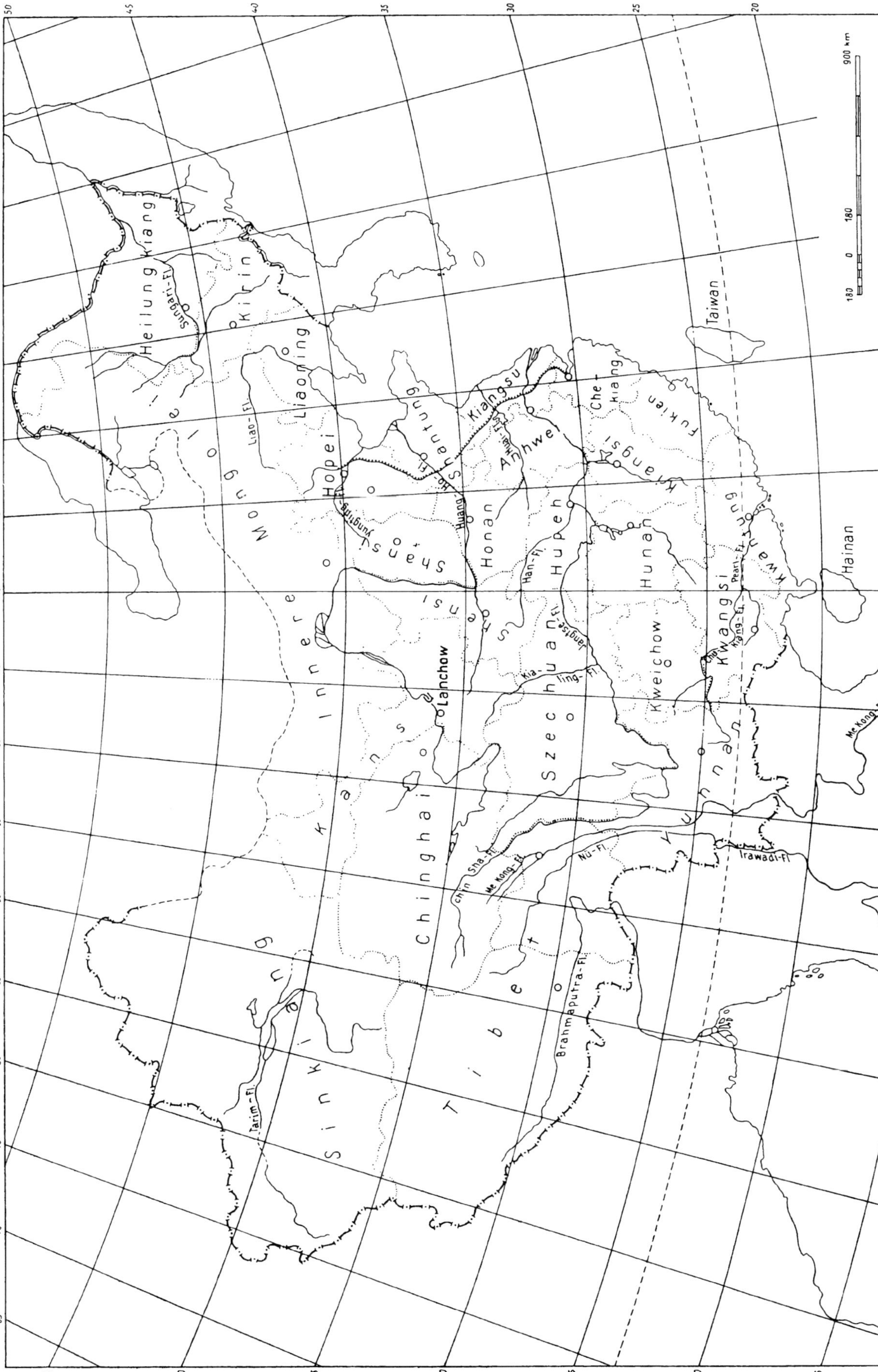

Abb. 1. Die 27 Provinzen der VR China

Zeitschrift für angewandte Geologie (1958) Heft 12

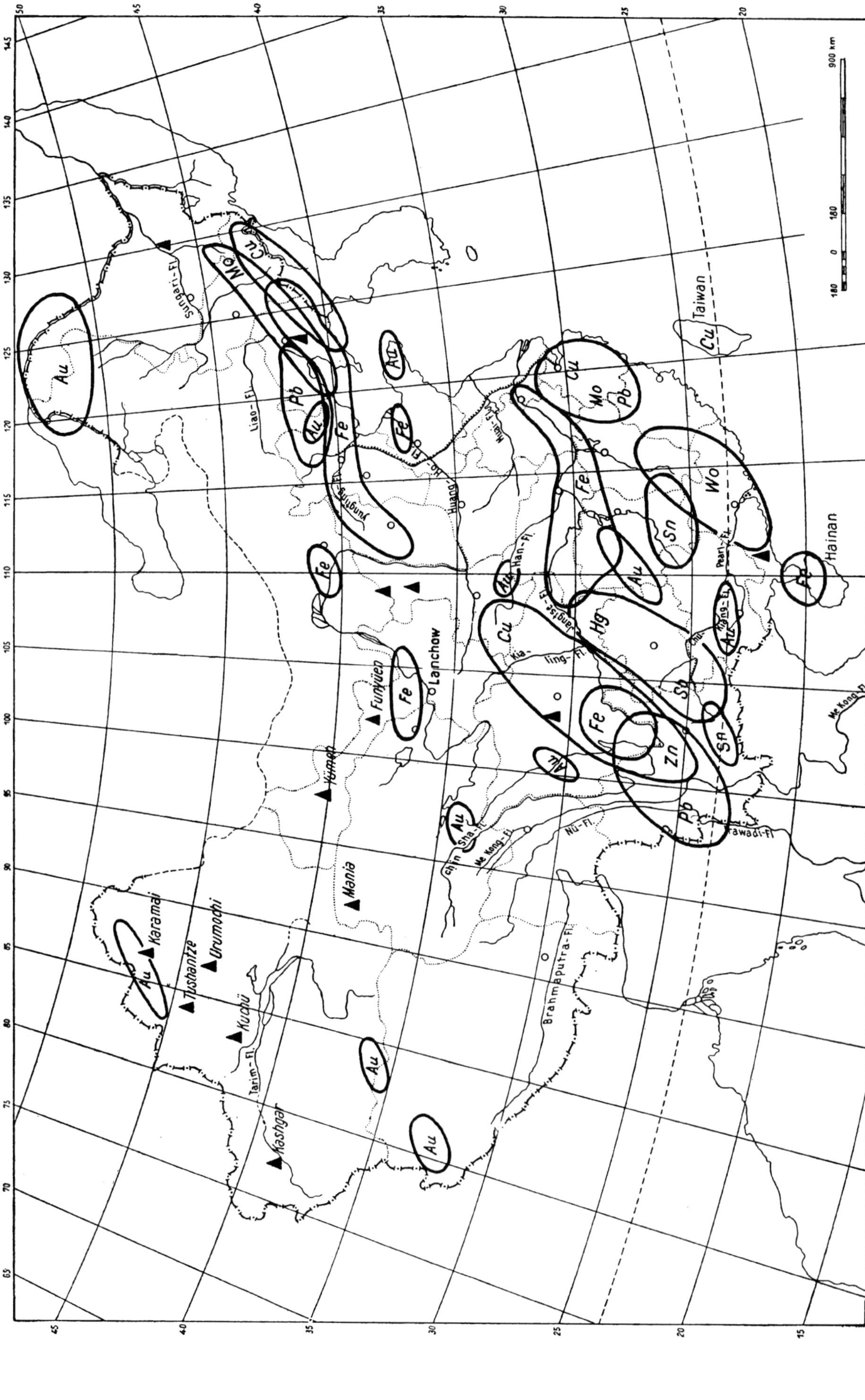

Abb. 2. Die hauptsächlichsten Rohstoffgebiete der VR China (A. SCHÜLLER 1958)

▲ = Erdöl Fe = Eisen Wo = Wolfram Au = Gold Cu = Kupfer Sn = Zinn Pb = Blei Mo = Molybdän Zn = Zink Sb = Antimon Hg = Quecksilber

mit 25 neuen Schächten und einer Gesamtproduktion von 9 Mio t Kohle erschlossen.

Das nächste wichtige Steinkohlengebiet liegt in der Provinz Hopei bei Kailan. Auch die reichen Kohlenreserven der Provinz Shansi werden in verstärktem Maße genutzt werden. 44 neue Gruben werden jährlich 35 Mio t fördern. Damit wird wahrscheinlich Shansi das führende Steinkohlenrevier Chinas werden.

Im Nordwesten der VR China, in der Nähe großer, bereits vorhandener oder geplanter Industriezentren, sind 5 neue Steinkohlenreviere entdeckt worden:

das Gebiet von Yuan-pao-shan,
Ping-chuan in der Inneren Mongolei,
das Gebiet von Nan-pian im westlichen Teil der Provinz Liaoning,
das Tsing-hu meu-Gebiet,
das Tieh-lieng-faku-Gebiet in der Nähe von Fusin und Shen-yang (Provinz Liaoning).

Allein in den ersten 3 Gebieten sind Vorräte von 870 Mio t vorhanden.

17 neue Steinkohlenschächte sind in den nordwestlichen Provinzen Shensi und Kansu im Bau. Sie werden eine jährliche Produktion von 3 Mio t erreichen. Das neue Kohlenrevier enthält wenigstens 6,8 Mrd. t Kohle.

Ein großes Werk mit einer jährlichen Kapazität von 2 Mio t Kohle wird in Tungchwan aufgebaut.

Weitere Vorräte an Kohle sind in den Provinzen Kansu und Chinghai nachgewiesen. Ebenso hat man im vorigen Jahr ein neues Kohlenfeld im Innern der Provinz Kwangsi entdeckt.

Interessant sind sowohl vom wirtschaftlichen als auch vom politischen Standpunkt aus gesehen die Kohlenfelder unmittelbar in der Nähe von Peking. Es sind Klein- und Kleinstvorkommen, so etwa wie die Kohlenfelder der DDR. Der Ausbau dieser Betriebe ist durch örtliche Initiative ohne wesentliche Unterstützung des Staates im Jahre 1958 so weit gediehen, daß eine Produktion von 2376000 t Kohle erreicht wurde. Im nächsten Fünfjahrplan wird die Industrie des Bezirkes Peking aus diesem Gebiet etwa 10 Mio t Kohlen beziehen.

Weitere Kohlevorkommen von vielen Hunderten oder Tausenden Mio t Inhalt, von vielen km² Flächenausdehnung, sind in den Provinzen Yünnan und Szechuan (1500000 t), im Süden der Provinz Sinkiang bei Urumochi (390 Mio t), in der Provinz Anhwei (800 Mio t) und in zahlreichen anderen Provinzen nachgewiesen. Insgesamt wurden 20 Kohlenfelder in den Provinzen Szechuan, Yünnan, Kweichow, Hunan, Kiangsi, Anhwei, Chekiang, Fukien, Kwantung, Kwangsi und in den autonomen Gebieten entdeckt. Allein diese Neuentdeckungen umfassen Vorräte von 18 Mrd. t in sieben großen Gebieten im westlichen Teil der Provinz Kweichow.

Die Kohlenversorgung der VR China stützt sich, wie auch bei uns in Europa, im wesentlichen auf Steinkohlen und anthrazitische Kohlen. Sie befinden sich im Unterkarbon, Mittelkarbon, Oberkarbon und mittleren Perm. China verfügt außerdem, besonders im südöstlichen (Yinshan-Orogen) und im nordwestlichen Gebiet, über große Steinkohlenfelder aus dem Mesozoikum (dem Unteren Jura, einige auch aus dem Oberen Jura; die wichtigen Kohlengebiete bei Fushun, Fushin, Shenyang gehören zur Trias). In einem schmalen südöstlichen Küstenstreifen und auf Taiwan sind Braunkohlen vorhanden. Wir haben eine ältere, stark überholungsbedürftige Karte (Abb. 4) aus CRESSLEY (1957)[1]) beigefügt, die von der Verteilung und dem riesigen Ausmaß der Kohlenfelder der VR China einen Begriff geben soll. Es wird den Fachleuten ohne weiteres einleuchten, daß eine solche Rohstoffbasis den Aufbau einer modernen Schwerindustrie in allen Teilen des Landes ermöglicht.

Eisen

Die Vorräte an Eisen, die in Eisenerzlagerstätten mit einem Fe-Gehalt von 40 und mehr Prozent nachgewiesen sind, belaufen sich mindestens auf 12 Mrd. t. Sie betragen das 6fache der Vorräte, die man vor der Befreiung (1949) geschätzt hatte. Allein in der Provinz Szechuan in Südwestchina sind trotz einer jahrhundertealten Eisen- und Stahlproduktion und einer jährlichen Förderung von 1500000 t Erz für Hunderte von Jahren Vorräte vorhanden. Die Vorräte belaufen sich auf 500 Mio t Erz. Es ist durchaus keine Seltenheit, daß Eisenerzlagerstätten mit einer Mächtigkeit von 30—100 m nachgewiesen werden, in denen Hunderte von Mio t Erz enthalten sind. Die Eisenerze sind sowohl kontaktmetasomatische Erze in Kalksteinen als auch saure Erze sedimentärer Entstehung, zusammen mit Sandsteinen und anderen Silikaten. Die Kühnheit der Planung im Aufbau neuer Industriekombinate wird wohl am stärksten durch die Nachricht unterstrichen, daß Bergsteiger zusammen mit Geologen im Chingtieh in Höhen von 5000 m große neue Eisenerzlagerstätten mit einer Mächtigkeit bis zu 30 m entdeckt haben und daß man plant, in diesem Gebirge der Provinz Kansu ein neues Eisen- und Stahlzentrum zu entwickeln. Wasser und alle anderen dazu erforderlichen Rohstoffe sind reichlich vorhanden.

Nach Meldungen aus der Provinz Hupeh sind dort große Eisenerzlagerstätten mit 2 Mrd. t Vorräten aufgefunden worden. Die Vorkommen liegen in der Nähe des Jangtseflusses, und man plant, das Gebiet durch eine 250 km lange Eisenbahn zu erschließen. In der Provinz Szechuan wurden 470 Mio t Eisenerz erkundet, die sofort abgebaut werden können. In der Provinz Hopei wurden 150 Mio t Eisenerz nachgewiesen. Im Innern der Provinz Kiangsi haben die Geologen ein 40%iges Erz in einem Gebiet von 1000 km² mit einigen 100 Mio t Erz festgestellt.

Die Eisenerze sind in allen geologischen Systemen zu finden. Die großen Perioden der geologischen Verwitterung in vorkambrischer Zeit (algonkischer Umbruch im Sinne von STILLE), im Paläozoikum (zwischen Ordovic und mittlerem Unterkarbon) und Mesozoikum (zwischen Perm und unterer Kreide) sind die Ursache für die Entstehung so reichhaltiger sedimentärer Eisenerzlagerstätten. Die großen Vorräte an hochwertigen Eisenerzen befinden sich, wie auch sonst auf der Welt, in den sog. gebänderten Jaspiliten, die aus der Sowjetunion von Kriwoi Rog und Kursk, aus Sibirien, Südafrika, Brasilien und Nordamerika (Oberer See und NE-Kanada) bekannt sind. Im Gegensatz zu den genannten Stellen der Südkontinente sind in der VR China neben den Eisenerzen zugleich auch die nötigen Zuschlagstoffe, wie Kalke, und die nötigen hochfeuerfesten Rohstoffe, wie Kaolin, Dolomit, Bauxit, Magnesit in bester Qualität und in unerschöpflichen Vorkommen in unmittelbarer Nachbarschaft vorhanden. Die VR China ist also in bezug auf die Entwicklung der Schwerindustrie vor allen anderen Ländern begünstigt. Während diese Roh-

[1]) CRESSLEY Geographie von China, New York 1956.

stoffe in den westlichen Ländern in der Nähe der alten Industriegebiete längst verbraucht sind, kann Volkschina auf neuen, unverritzten Lagerstätten bester Qualität aufbauen. Die Errichtung von Industriekombinaten, verbunden mit der Entwicklung der Land- und Forstwirtschaft, dürfte nirgends so leicht durchführbar sein wie in der VR China. Die Sowjetunion hat beim Aufbau ihrer Schwerindustrie viel größere Schwierigkeiten überwinden müssen als sie in der VR China heute auftreten.

Buntmetalle

Buntmetalle sind in der VR China in ebenso reichem Maße nachgewiesen worden wie andere Schwermetalle. In den Provinzen Shensi, Szechuan, Kweichow und Yünnan können auf Grund der bekannten Vorräte bereits große Raffinerien für Kupfer und Blei errichtet werden. Große und größte Lagerstätten an Cu, Mo, W u. a. werden fast täglich neu aufgefunden.

Die beigefügte Karte (Abb. 2) gibt im Grunde genommen den Stand von 1950 wieder. Auf dieser Karte erscheinen als eigentliche Buntmetallgebiete Zentralchina und Südchina. Von der südwestlichen Grenze in Yünnan erstreckt sich eine Metallprovinz im wesentlichen mit Blei und Zink bis in die Provinz Szechuan, von der sie sich in hydrothermalen und sedimentären Lagerstätten von Kupfer bis in das Gebiet des Hoangho fortsetzen. Nach Südosten schließt sich an diesen Buntmetallstreifen ein Gebiet mit reichen Quecksilber- und Antimon-Vorkommen an. Weiter im Südosten sind die großen Vorkommen von Zinn und Wolfram innerhalb des wahrscheinlich kaledonischen, aber mesozoisch überprägten Orogens lokalisiert. An die Wolfram-Provinz schließt sich nach Nordosten zu wieder eine Kupfer-Blei-Provinz an, die sich bis in die Gegend von Hangchow erstreckt. Ein weiteres wichtiges Gebiet für Kupferlagerstätten ist das Grenzgebiet im Nordosten gegen Korea. Nordöstlich von Peking im Gebiet des varistischen Orogens, vielleicht aber auch schon im Yinshan-Orogen, liegen die Bleivorkommen und die berühmten Molybdän-Lagerstätten. Die Goldvorkommen sind gleichmäßig im Lande verteilt und werden lokal ausgebeutet. Eine gleiche Verteilung wird bei der weiteren Erforschung des Landes auch für die bisher genannten Buntmetalle festgestellt werden. Die großen weißen Flächen auf unserer Karte der Rohstoffgebiete entsprechen also nicht mehr dem heutigen Stand der geologischen Forschung.

Die Entdeckung riesiger Nickellagerstätten in der Yünnan-Provinz kann als das beste Ergebnis der geologischen Erkundung bezeichnet werden. In der Inneren Mongolei wurden hochwertige Chromitlagerstätten mit großen Reserven entdeckt, die umfangreicher sind als die, die in der Chinghai-Provinz 1956 aufgefunden wurden.

Die Goldproduktion betrug 1957 allein in den alten Bergbaugebieten von Liaoning und Heilungkiang in Nordostchina 27000 Unzen[2]). Man will die Produktion in Heilungkiang auf 40000 Unzen im Jahre 1958 steigern und die Zahl der Bergwerke von 4 auf 7 erhöhen. In der Chinghai-Provinz in Nordwestchina betrug die Goldproduktion (1957) 4500 Unzen, in der Shantung-Provinz 120 Unzen. 1957 wurde der Goldbergbau ebenfalls in der Singkiang-Provinz begonnen, durch den 2400 Unzen Gold gewonnen wurden. In Sinkiang waren in historischer Zeit bis zu 60000 Menschen im Goldbergbau beschäftigt. Ebenso hat die Kwantung-Provinz reiche Goldlagerstätten. Es sollen dort 1957 11600 Unzen Gold produziert worden sein. In der Yünnan-Provinz in Südwestchina sind 14 neue Goldbergwerke in Betrieb genommen, die schon 1957 3100 Unzen Gold produziert haben.

[2]) 1 Unze = 28 g.

Die nichtmetallischen Rohstoffe

Die nichtmetallischen Rohstoffe der VR China haben für die Versorgung der chemischen und optischen Industrie der DDR besonderes Interesse.

Der Nachweis von Borax und Kalisalzen in den zahlreichen Salzseen der Chinghai-Provinz in Nordwestchina macht China zu einem für beide Rohstoffe wahrscheinlich autarken Land. Die Vorräte an Kalisalzen werden allein am Chairhansee auf 200 Mio t geschätzt. Die Produktion an Borax betrug im vorigen Jahr allein im Gebiet des Chinghai- und Tibet-Plateaus und im südlichen Tsaidambecken 20000 t. Das Angebot an Borax an die DDR betrug im Jahre 1957 bereits mehr als die Nachfrage. Man rechnet in Volkschina mit einer regelmäßigen jährlichen Produktion von 30000 t Borax.

Es ist zu erwarten, daß die Produktion an Asbest und optischem Quarz auch eine ausreichende Versorgung der DDR garantiert. Zur Zeit sind 40 Vorkommen ausgezeichneten Bergkristalls bekannt, deren Einzelkristalle ein Gewicht von mehreren Zentnern haben. Heute werden diese kostbaren optischen Quarze fast ausschließlich zu Schmuckstücken und Schwingquarzen verarbeitet. Von den Vorkommen sind bisher nur 7 im Abbau, deren Qualität den brasilianischen Spektralquarzen gleichkommt oder sie übertrifft. Nach Zeitungsmeldungen haben tibetanische Jäger in Höhlen des Tangla-Gebirges Bergkristalle entdeckt und zur Prüfung nach Peking geschickt, die ein Gewicht von 62 kg erreichen.

Die Produktion von Asbest scheint nunmehr ebenfalls in größerem Maße aufgenommen worden zu sein. Hochwertige Asbestvorkommen mit Fasern bis zu mehr als 1 m Länge wurden im Tsaidam-Becken in der Chinghai-Provinz entdeckt. Die jährliche Produktion aus diesem neuen Vorkommen soll 500 t betragen. Sieben weitere Vorkommen von Asbest sind in der gleichen Gegend gefunden worden. Die alten chinesischen Asbestvorkommen liegen im Hochgebirge von Yünnan im Südwesten und wurden bereits in frühhistorischer Zeit ausgebeutet. Man findet dort einen Ort mit dem Namen „Asbeststadt".

Das Vorkommen von Jade ist stets an Serpentin gebunden und gehört offensichtlich zum ophiolithischen Magmengürtel des varistischen Kettengebirges. Man könnte also auch diesen Gebirgszug, der eine Kette von Turkestan durch Zentralchina bis nach Ostchina bildet, auf Vorkommen von Asbest absuchen. Möglicherweise finden sich hier auch Glaukophan-Asbeste, da nach neueren Untersuchungen der Jadeit zur Glaukophanschiefer-Fazies gehört. Glaukophan-Asbeste haben besondere Qualitäten und sind bisher nur aus Südafrika eingeführt worden. Man verarbeitet in der VR China wundervolle Schmuckstücke aus goldgelbem Tigerauge, der ja bekanntlich ein verkieselter und durch Eisenocker gefärbter Krokydolith-Asbest ist. Eine Einfuhr solcher Schmucksteine aus Afrika ist nicht sehr wahrscheinlich, daher vermutet Verf., daß Tigerauge ebenfalls im Lande gefunden wird.

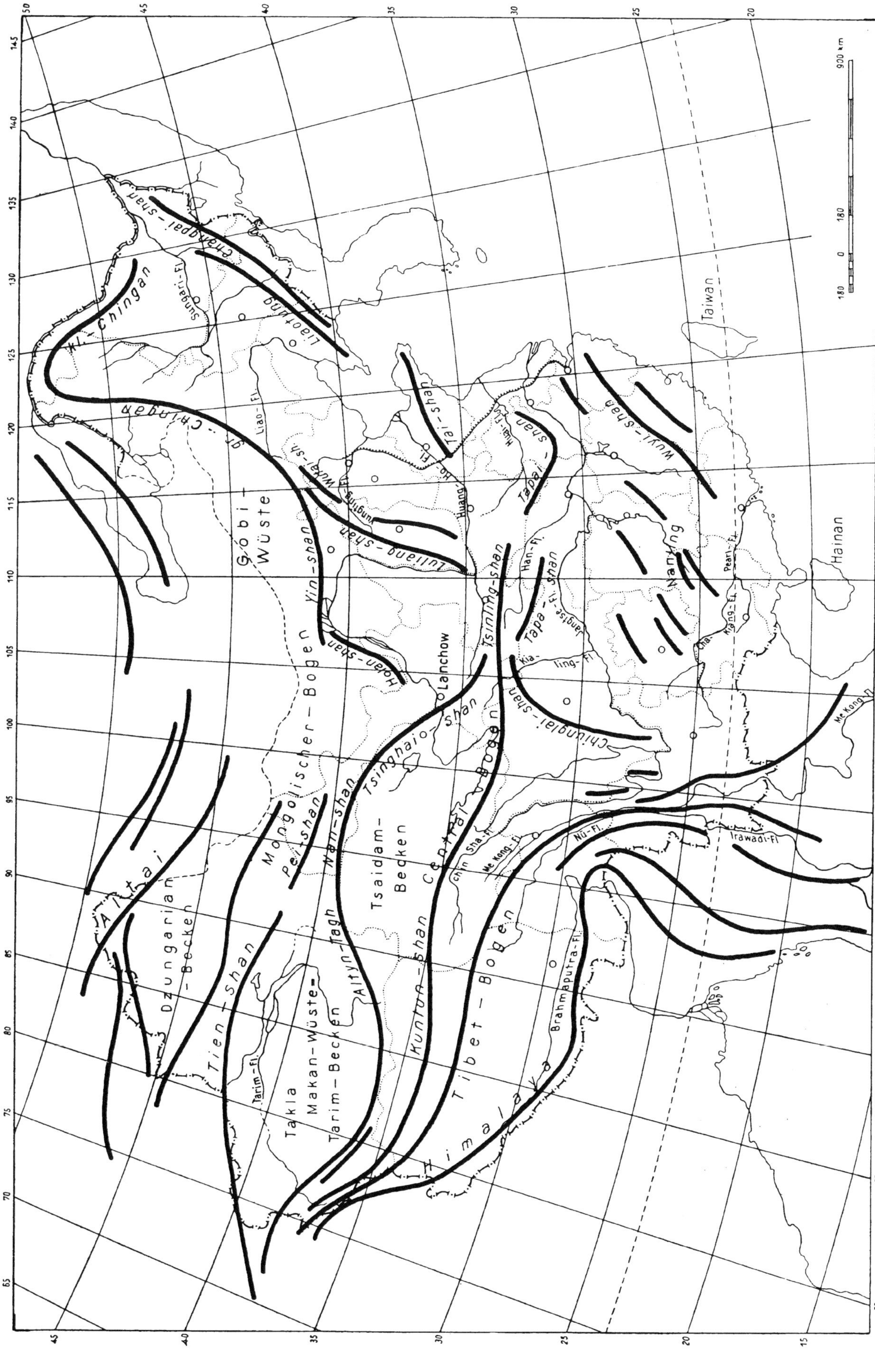

Abb. 3. Gebirgszüge der VR China (A. SCHÜLLER, 1958)

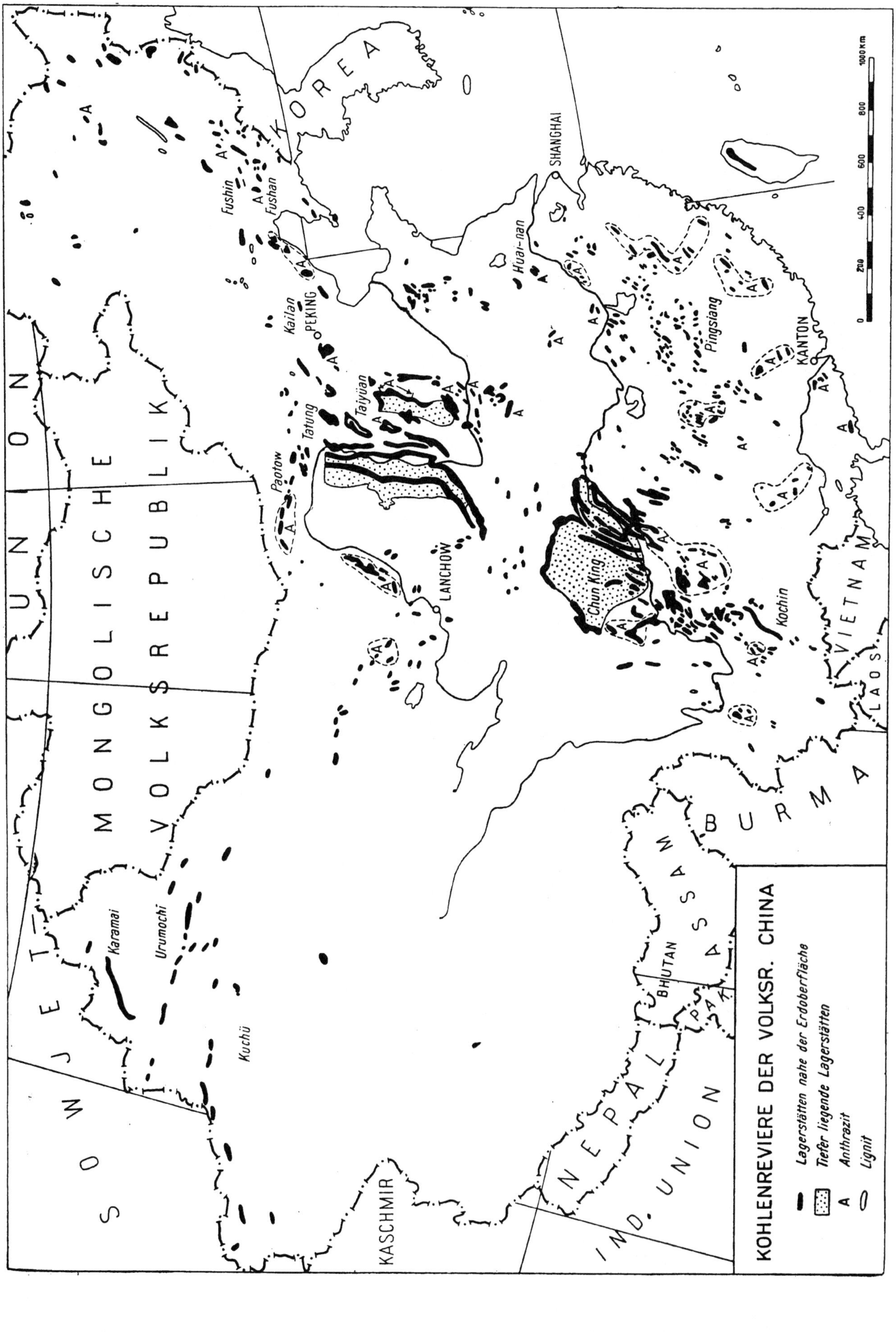
KOHLENREVIERE DER VOLKSR. CHINA
Lagerstätten nahe der Erdoberfläche
Tiefer liegende Lagerstätten
A Anthrazit
Lignit
0 200 400 600 800 1000 Km
SOWJET UNION
MONGOLISCHE VOLKSREPUBLIK
KOREA
SHANGHAI
PEKING
LANCHOW
KANTON
Fushin
Fushan
Kailan
Tatung
Taiyüan
Paotow
Huai-nan
Pingsiang
Chun King
Kochin
Karamai
Urumochi
Kuchü
KASCHMIR
NEPAL
BHUTAN
ASSAM
BURMA
LAOS
VIETNAM
PAK.
IND. UNION

Der vorliegende Bericht, der im wesentlichen Entdeckungen aus dem Jahre 1957 auswertet, zeigt jedem Fachmann, daß die VR China unerschöpfliche Rohstoffquellen bester Qualität besitzt. Die beigefügte Karte der Kohlenvorkommen läßt erkennen, in welch reichem Maße und wie gleichmäßig offensichtlich in allen geologischen Formationen, vom Präkambrium bis in die jungen mesozoischen Ablagerungen hinein, die Verteilung der Rohstoffe in der VR China ist. Die Verbreitung der großen Orogene ist so günstig, daß sowohl die kaledonischen, besonders aber die varistischen, aber auch die mesozoischen und alpidischen Orogene breite Flächen einnehmen. Die Anschnitte dieser Orogene sind so vielfältig, daß Rohstoffe und Erze aller Art in allen Stockwerken zugänglich sind.

In der neuesten Geographie von CRESSLEY wird zum Schluß vermerkt, daß die VR China zwar sehr reich an Steinkohlen ist, daß aber große Lagerstätten an Eisen fehlen. Solche völlig falschen Informationen sind in keiner Weise geeignet, vom wirklichen Rohstoffpotential der VR China und den Möglichkeiten des sozialistischen Aufbaues eine richtige Kenntnis zu vermitteln.

Nikolai Sergejewitsch Schatskij[1)]

J. A. KOSSYGIN, Moskau

In diesem Jahr wurde dem Akademiemitglied NIKOLAI SERGEJEWITSCH SCHATSKIJ für die Leitung der wissenschaftlichen Arbeit bei der Anfertigung der Tektonischen Karte der UdSSR und der angrenzenden Länder der Leninpreis verliehen. SCHATSKIJ hat mit dem von ihm geschaffenen großen Kollektiv von Tektonikern in jahrelangen Anstrengungen eine ihrer Bedeutung und ihrem Umfang nach gewaltige wissenschaftliche Leistung vollbracht.

Noch in der ersten Hälfte unseres Jahrhunderts wurden tektonische Karten von größeren Gebieten der Sowjetunion überhaupt nicht angefertigt. Doch seit Bestehen der Sowjetmacht wurden die Ergebnisse der geologischen Aufnahmen zur Herstellung geologischer Karten benutzt, auf denen das Alter und manchmal auch die Zusammensetzung der Ablagerungen der Erdoberfläche angegeben sind. Inzwischen hat unser Land in der Anfertigung von geologischen Übersichtskarten große Erfolge erzielt. Die erste geologische Karte des gesamten Territoriums der UdSSR im Maßstab 1:5000000 wurde bereits im Jahre 1937 anläßlich des XVII. Internationalen Geologen-Kongresses in Moskau herausgegeben. In den darauffolgenden Jahren wurde die geologische Karte der UdSSR vervollkommnet. Schließlich konnte im Jahre 1956 eine Karte im Maßstab 1:2500000 erscheinen, die sich durch große Genauigkeit und gewissenhafte Darstellung auszeichnet. Diese Karte, die mit dem Leninpreis für das Jahr 1957 prämiiert wurde, stellt eine glänzende Synthese unserer Kenntnisse auf dem Gebiet der Geologie der Oberfläche der gesamten Sowjetunion dar und ist eine wichtige Grundlage für die Suche nach Bodenschätzen.

Eine geologische Karte, so genau und vollkommen sie auch sein mag, spiegelt jedoch nur die Struktur der Erde an ihrer Oberfläche wider, ohne die Besonderheiten ihres Innern zu zeigen.

In den letzten Jahren haben sich durch Bohrungen und geophysikalische Messungen sehr viele Daten über die Struktur der Erdrinde bis in eine Tiefe von mehreren Kilometern angesammelt. Tiefbohrungen, die in den weiten Räumen der Russischen Tafel, des Westsibirischen Tieflandes, Zentralasiens, im Vorgelände des Kaukasus wie auch in anderen Gebieten niedergebracht wurden, haben nicht nur völlig neue und zuweilen überraschende Besonderheiten des Tiefenaufbaus der Erdkruste, sondern auch früher nicht bekannt gewesene Vorkommen an Bodenschätzen erschlossen. Gerade den Tiefbohrungen verdanken wir die Entdeckung riesiger Erdölvorkommen im Wolga-Uralgebiet, großer Kohlevorkommen im Gebiet von Turgai und unterirdischer Gasansammlungen bei Berjosowo am Ob. Die geophysikalischen Meßergebnisse einiger Gebiete charakterisieren die Lagerung der Schichten bis zu einer Tiefe von 10 km mit ziemlicher Zuverlässigkeit.

Dieses ganze Material sowie die Entdeckung und die ständig zunehmende Bedeutung der bedeckten, sogenannten „blinden" Vorkommen an Bodenschätzen erforderten die Schaffung neuer Formen der Synthese und Verallgemeinerung des riesigen geologischen Tatsachenmaterials. Eine solche neue Form der geologischen Synthese war die tektonische Karte. Ihr Entstehungsweg war lang und kompliziert. Bereits im Ablauf der ersten Fünfjahrpläne entstanden in Verbindung mit der umfassenden Entwicklung der geologischen Erkundungsarbeiten die ersten, sehr wirklichkeitsnahen Vorstellungen über die Gesetzmäßigkeiten des geologischen Aufbaus des Territoriums der Sowjetunion und über die wahrscheinliche Tiefenlage des gefalteten Grundgebirges der Tafeln. Diese Forschungsergebnisse bildeten die Grundlage für das erste Schema der Tektonik des Territoriums der UdSSR, das im Jahre 1933 von A. D. ARCHANGELSKI und N. S. SCHATSKIJ ausgearbeitet worden war.

Mit Hilfe dieses Schemas und der später auf dieser Grundlage hergestellten tektonischen Karten wurden alle jene Gebiete gekennzeichnet, in denen sich der Übergang von der geosynklinalen Entwicklung — für die rasche und kontrastreiche tektonische Bewegungen, Vulkanismus, Intrusionen und Gebirgsbildungen typisch sind — zur ruhigen Tafelentwicklung zu verschiedenen Zeiten vollzog. Dazu gehören die alte Russische und die Sibirische Tafel, in deren Bereichen die geosynklinale Etappe mit der Bildung des präkambrisch gefalteten Grundgebirges ihren Abschluß fand und auf welchen sich mit Beginn des Kambriums die nichtmetamorphe Tafelbedeckung herausbildete, die Gebiete der paläozoischen Faltung, in denen sich der Übergang zur Tafeletappe später voll-

1) Aus „Natur" (russisch) Nr. 6, Juni 1958.

zogen hat, wie auch die Gebiete der mesozoischen und känozoischen Faltung, in welchen dieser Übergang noch nicht eingetreten ist.

Aus dieser Darstellung ist für jeden größeren Bereich der UdSSR die Dauer der zwei Hauptetappen der Entwicklung — der geosynklinalen und der Tafeletappe — ersichtlich. Desgleichen läßt sich erkennen, welchen Formationen und Systemen Grundgebirge und Deckgebirge angehören. Auf der Karte wird außerdem das Oberflächenrelief des Grundgebirges in Höhenschichtlinien dargestellt, so daß dadurch die Mächtigkeit der Bedeckung und die wichtigsten darin ausgebildeten Senken und Erhebungen erkennbar sind. Ferner werden auf der Karte Alter und Begrenzung von Intrusionen sowie gewisse Strukturformen des Grundgebirges und seiner Bedeckung eingetragen.

Bei der Anfertigung einer tektonischen Karte müssen bereits bestimmte Vorstellungen über die Besonderheiten der verschiedenen geologischen Entwicklungsetappen sowie der Entstehung der Strukturelemente und ihrer Wechselbeziehungen bestehen. Daher erforderte die Arbeit an der tektonischen Karte eine ständige Präzisierung und Vervollkommnung der Theorie sowie die Festlegung der Grundprinzipien der tektonischen Analyse.

Unter den grundlegenden tektonischen Prinzipien, die von SCHATSKIJ und seinen Schülern erarbeitet wurden, nimmt das „Prinzip der Ererbtheit" eine bedeutende Stellung ein. Es besagt, daß die Entwicklung der tektonischen Formen und der Verlauf der tektonischen Bewegungen nicht völlig unabhängig von den früheren Entwicklungsetappen zu sein pflegen, sondern daß mehr oder weniger ausgeprägt die Hauptlinien der vorangegangenen Etappen ererbt werden. Man kann also aus der Analyse der Tektonik der oberen Schichten oder der oberen Strukturstockwerke (z. B. der Tafelbedeckung) Schlüsse über den Aufbau der unteren Strukturstockwerke (z. B. des Grundgebirges) ziehen. Einzelne große Strukturelemente der Erdrinde, weiträumige Tafelsenken — Syneklisen — wie auch Tiefenabbrüche haben eine sehr lange Entwicklungsdauer und erstrecken sich über mehrere geologische Zeitalter. Das Prinzip der Ererbtheit tektonischer Formen und Bewegungen, wie kürzlich ein Schüler SCHATSKIJs und Mitarbeiter an der tektonischen Karte, Doktor der geologisch-mineralogischen Wissenschaften A. W. PEJWE, schrieb, „ist von großer erkenntnistheoretischer und philosophischer Bedeutung, da es die Dialektik der Entwicklung der ungewöhnlich langandauernden, Milliarden Jahre existierenden und sich entwickelnden geologischen Prozesse aufdeckt ... Das Prinzip der Ererbtheit hilft das Alte vom Neuen unterscheiden und gibt uns das Rüstzeug für den Kampf gegen jene metaphysisch denkenden Geologen, die die geologische Entwicklung auf losgelöste, durch unüberwindliche Schranken abgegrenzte, die ganze Welt erfassende ‚Zyklen', ‚Perioden', ‚Phasen', ‚tektonische Revolutionen' usw. zurückführen, ohne zu berücksichtigen, daß die Etappen der postproterozoischen Strukturbildung durch solch enge Erbbande untereinander verbunden sind, daß sie in der Gesamtheit einen einheitlichen, fortschreitend sich entwickelnden Prozeß darstellen."[2])

Das Prinzip der Ererbtheit ist das Ergebnis vieler Arbeiten SCHATSKIJs, die sich gegen den Neokatastrophismus wenden und der Analyse der orogenetischen Phasen und Faltungsprozesse gewidmet sind. Einen wesentlichen Beitrag zur Weiterentwicklung dieses Prinzips leistete ein Mitverfasser der Karte, das jetzige Akademiemitglied A. L. JANSCHIN, der auf der Grundlage dieses Prinzips die Methodik der tektonischen Analyse junger Tafelgebiete ausgearbeitet hat.

Die Darstellung der Tafel- und Geosynklinalgebiete auf der tektonischen Karte erforderte die Ausarbeitung einer tiefgründigen Theorie dieser größten Strukturelemente der kontinentalen Gebiete der Erde. SCHATSKIJ hat auf der Grundlage der von ihm ausgearbeiteten vergleichenden tektonischen Methode eine sorgfältige Analyse der alten Tafeln vorgenommen, eine Systematik der Tafel-Strukturen verschiedener Ordnung aufgestellt, die Methodik für die historisch-tektonische Analyse der Tafeln nach den natürlichen Erosionszonen geschaffen und die wichtigsten Gesetzmäßigkeiten ihrer Entwicklung festgelegt. Große Aufmerksamkeit widmete SCHATSKIJ in seinen Arbeiten der Beschreibung der Tafelgrenzen und der Erforschung der Wechselbeziehungen zwischen den Tafel- und Geosynklinalgebieten. Er hat die vorherrschende Geradlinigkeit der Grenzen der alten Tafeln und den Zusammenhang dieser Grenzen mit den tief in die Erdhülle hineinreichenden Abbrüchen festgestellt. An den Tafelgrenzen konnte dieser Wissenschaftler neue Strukturtypen nachweisen, und zwar Randnähte, querverlaufende Randsenken und Brüche, die vom Tafelgebiet in das geosynklinale Gebiet übergehen.

Von SCHATSKIJ und seinen Mitarbeitern (N. A. SCHTREJS, A. W. PEJWE, P. N. KROPOTKIN) wurde auch die Theorie der Geosynklinalen vertieft und nach neuen Gesichtspunkten entwickelt. Die Ausscheidung der geosynklinalen Gebiete und der ihnen untergeordneten geosynklinalen Systeme, die über allgemeine Entwicklungsmerkmale während der Dauer mehrerer Erdperioden verfügen, und die Heraushebung der dominierenden Rolle der Tiefenabbrüche haben es gestattet, auf der tektonischen Karte eine exakte strukturelle Gliederung der geosynklinalen Gebiete vorzunehmen. Die von SCHATSKIJ ausgearbeitete Theorie der Randsenken und die von ihm aufgestellte Regel, daß die Zeit der Bildung einer Senke dem Zeitpunkt des Ausklingens einer Geosynklinale entspricht, hat bei der Anfertigung der Karte dazu beigetragen, die Grenzen der Geosynklinalgebiete verschiedenen Alters zu fixieren.

Die Entwicklung der Vorstellungen über die Strukturstockwerke, die die verschiedenen Entwicklungsetappen der Geosynklinalen widerspiegeln, sowie über die Strukturen der auflagernden Sedimentschichten, in denen sich Ererbungselemente schwach ausprägen usw., hat dazu beigetragen, den Aufbau und die Geschichte der Bildung der kompliziertesten Gebiete der Erdrinde in Einzelheiten auf der Karte wiederzugeben.

Die Arbeit an der Karte dauerte 10 Jahre. 1948 wurde in dem von SCHATSKIJ geleiteten tektonischen Seminar des Geologischen Instituts der Akademie der Wissenschaften der UdSSR mit der Diskussion über die ersten Kartenentwürfe von kleineren Abschnitten begonnen. Jeder Verfasser eines Musterblattes ging natürlich nach eigenem Ermessen an die Aufgabe heran. Dies war durch die Besonderheiten des geologischen Aufbaus und der Entwicklung des von ihm untersuchten Territoriums sowie durch den Charakter des geologischen Ausgangsmaterials und den Grad der Erforschung des einen oder anderen Gebietes bedingt. Es war nicht leicht, auch nur

---

[2]) PEJWE, A. W., Das Prinzip der Ererbtheit in der Tektonik. „Mitteilungen der Akademie der Wissenschaften der UdSSR, geologische Serie", 1956, Nr. 6.

zwei kleine aneinandergrenzende Abschnitte miteinander zu verbinden und auf eine einheitliche Linie zu bringen. Im Verlauf der Diskussion über die Entwürfe gerieten die Autoren von angrenzenden Musterblättern zuweilen in unüberwindlich scheinende Widersprüche; aber nachdem sie immer tiefer in das zusammengetragene Material eingedrungen waren, fanden sie gemeinsame Züge des geologischen Aufbaus und gemeinsame Gesetzmäßigkeiten der geologischen Entwicklung.

In den heftigen Diskussionen im tektonischen Seminar tauchten neue Fragen und Probleme auf, die erörtert wurden und von denen viele den Ausgangspunkt für hervorragende tektonische Erkenntnisse und glänzende wissenschaftliche Arbeiten bildeten. Mit jeder neuen Etappe der synthetischen Verallgemeinerung zahlreicher Einzelfakten, d. h. beim Übergang von kleinen Kartenabschnitten zu großen Gebieten, nahmen jedoch die Schwierigkeiten immer mehr zu. Bisweilen schienen sie unüberwindlich, aber stets wurden neue Lösungen gefunden, die diese gewaltige Arbeit dem erfolgreichen Abschluß näher brachten. Die Seminare hatten sich in eine wahre Schmiede der tektonischen Theorie verwandelt. SCHATSKIJ, der Inspirator und Organisator des Kollektivs, schlug außergewöhnliche und gut durchdachte Methoden zur Lösung der kompliziertesten Aufgaben vor und arbeitete die wichtigsten Fragen der Theorie der Synklinalen und Tafeln, die Theorie der geologischen Formationen und die Systematik der tektonischen Bewegungen aus. SCHATSKIJ stellte selbst die Musterblätter der tektonischen Karte für so große Territorien wie die Russische Tafel, die Sibirische Tafel und den Nordosten der UdSSR zusammen und berichtete darüber im Seminar. Diese Vorarbeiten SCHATSKIJs wurden von den anderen Autoren der Karte studiert und dienten ihnen als Muster und Anleitung.

1951 wurde die erste Variante der tektonischen Karte der UdSSR im Manuskript beendet. Es war eine Leistung von Weltbedeutung. Früher hätte eine tektonische Karte für ein derart großes Territorium niemals angefertigt werden können. 1953 wurde die tektonische Karte der UdSSR im Maßstab 1:4000000 herausgegeben. In ihrer gegenwärtigen, endgültigen Form erschien sie im Jahre 1956.

Die tektonische Karte ist die große Verallgemeinerung und Synthese unserer Kenntnisse über den Aufbau und die Entwicklung der Erdrinde im Bereich der UdSSR. Gleichzeitig dient sie als richtungweisende Grundlage für die weitere Lagerstättensuche. Außerdem trägt sie in bedeutendem Maße zur Weiterentwicklung geologischer Theorien bei.

Noch unlängst hat man angenommen, daß die Entwicklung der Erde durch Energieverlust bei Tiefenprozessen bedingt sei. Diesem Standpunkt, der sich auf alte Vorstellungen über eine früher glutflüssige und langsam erkaltende Erde stützt, entspricht die zur Zeit unter den Geologen noch weit verbreitete Konzeption von dem allmählichen Wachsen der alten Schilde und Tafeln durch Zonen junger Faltungen, die dann ebenfalls Tafelcharakter tragen. Die beweglichen geosynklinalen Zonen würden dadurch ständig eingeengt werden und die Erde immer mehr erstarren.

Die tektonische Karte hat die Unrichtigkeit dieser Vorstellungen anschaulich demonstriert. Sie hat gezeigt, daß in einer Reihe von Fällen mit der Bildung neuer Faltungssysteme eine Zerstörung der Tafeln einhergeht. Eine Form der Zerstörung von Tafeln und der Erneuerung der tektonischen Aktivität der Erde sind auch die in Zentral- und Ostasien weitverbreiteten neugebildeten Senken. Die Karte bereichert somit die Vorstellungen über die Entwicklung der Erdrinde, sie läßt erkennen, daß die tektonischen Prozesse auf der Erde nicht erlöschen, sondern sich in immer neuen Formen ständig erneuern.

Die tektonische Karte der UdSSR und der angrenzenden Länder fand auch hohe Anerkennung auf dem Internationalen Geologenkongreß 1956, und SCHATSKIJ wurde zum Vorsitzenden des Arbeitskreises zur Anfertigung einer tektonischen Weltkarte gewählt.

Die Diamanten Sibiriens

Autorenkollektiv

(Fortsetzung aus H. 11/1958, S. 497 ff.)[1]

Petrographie der sibirischen Kimberlite

Die sibirischen Kimberlite stellen, wie die Kimberlite Afrikas, vulkanische Brekzien dar, die charakteristische röhrenförmige Körper ausfüllen. Neben dem eigentlichen Kimberlit — einem ultrabasischen Gestein effusiven Aussehens — sind an der Zusammensetzung der Brekzien verschiedenartige Einschlüsse von eruptiven, metamorphen und sedimentären Gesteinen beteiligt. Endogene und exogene Vorgänge unterwarfen die Kimberlite starken Veränderungen, und es ist bisweilen schwer, die neugebildeten Mineralien und die ursprünglichen Komponenten des Kimberlits auseinanderzuhalten. Der Olivin ist restlos serpentinisiert; serpentinisiert und karbonatisiert ist auch die Grundmasse des Gesteins.

Die Untersuchung wies im Kimberlit folgende gesteinsbildende Mineralien nach: Olivin (größtenteils Pseudomorphosen), Phlogopit, Augit (Pseudomorphosen), Ilmenit, Perowskit und Apatit. Neben diesen, den eigentlichen Kimberlit zusammensetzenden Mineralien sind noch viele Bruchstücke von Mineralien aus verwandten Xenolithen und eklogitartigen Gesteinen (die genetisch mit der Bildung des Kimberlitmagmas im Zusammenhang stehen) zu beobachten: Pyrop, monokliner Pyroxen, Omphacit, Enstatit (gewöhnlich nur in Pseudomorphosen) Spinell, Chromit, Disthen, Korund, Rutil, ferner verschiedene Mineralien aus Fremdeinschlüssen. Als sekundäre Mineralien sind Serpentin, Kalkspat, Dolomit, Chalcedon und Zeolithe (?) am häufigsten.

[1] Die folgenden Kapitel wurden von W. OESTREICH referiert.

Petrographie der eigentlichen Kimberlite

Die Kimberlite des Rayons Daaldynsk

Die petrographischen Untersuchungen erfolgten im wesentlichen an Material aus der Durchschlagsröhre „Sarniza", deren geologische Beschreibung bereits im vorigen Heft unserer Zeitschrift gegeben worden war.

Der Kimberlit dieser Pipe stellt eine Brekzie dar, die zu 90% aus Gesteins- und Mineraltrümmern und zu 10% aus karbonatisch-serpentinischem Bindemittel besteht. Die Struktur ist klastisch. Die Trümmer bestehen aus dem eigentlichen Kimberlit (einem vollständig veränderten Gestein vom Typ eines Pikritporphyrits), aus fein- und mittelkörnigem Kalk, Serpentin-Chlorit- und Chlorit-Karbonatschiefern und recht zahlreichen und verschiedenartigen kristallinen Schiefern.

Die im Dünnschliff zu beobachtenden Gesteinstrümmer sind zwischen 0,1 mm bis 1 cm groß, sie besitzen gerundete oder ovale Form. Die Bruchstücke des veränderten Kimberlits herrschen vor, sie machen 35–40% der klastischen Masse, seltener 45–50% aus. Der in den Bruchstücken der Brekzie auftretende vollständig veränderte Pikritporphyrit besteht im wesentlichen aus Karbonat, Serpentin, sekundärem Magnetit und Akzessorien (Ilmenit und Perowskit). Im Kimberlit ist eine reliktische porphyrische Struktur zu beobachten. Es existieren hier zwei Varietäten des Kimberlits: phlogopitführend und phlogopitfrei, die letztere überwiegt.

Die Pseudomorphosen von Serpentin nach Olivin machen etwa 20–35% des Gesteins und 65–80% der Grundmasse aus. Der die Pseudomorphosen ausfüllende Serpentin besitzt gelblich-grüne Farbe; die Doppelbrechung ist sehr niedrig, manchmal besitzt er auch einen amorphen, gelförmigen Aufbau.

An Akzessorien treten im veränderten Kimberlit ständig Ilmenit und Perowskit auf. Der Perowskit liegt in Form kleiner (0,05–0,08 mm), im Schnitt quadratischer Körner vor.

In seltenen Fällen kommen neben den beiden bereits erwähnten Varietäten auch Glimmerkimberlite mit Mandelsteintextur vor.

Ein spezifischer Zug der hier auftretenden Kimberlite besteht darin, daß scharfeckige Bruchstücke eines Serpentins mit sehr niedriger Doppelbrechung zu beobachten sind; dieser Serpentin unterscheidet sich deutlich von dem Serpentin, der die kleinen Pseudomorphosen nach Olivin ausfüllt. Einige dieser Bruchstücke behalten teilweise die dem Olivin eigenen kristallographischen Umrisse bei. Es handelt sich hier wahrscheinlich um große Phenokristalle eines veränderten Olivins, die im ersten Kristallisationsstadium des Magmas entstanden und homogene Einschlüsse darstellen.

Im Gestein sind nach der petrographischen Ausbildung drei verschiedene Bereiche zu beobachten, die teils allmählich ineinander übergehen, teils durch scharfe Grenzen getrennt sind.

Der erste Bereich besteht im wesentlichen aus Pseudomorphosen von Serpentin nach Phenokristallen von Olivin (mit einem Anteil an Gesteinsvolumen von 55 bis 60%) und der Grundmasse (mit 40%). In der Grundmasse sind Mikrolithe von Phlogopit und orientierte Pseudomorphosen von Karbonat nach Mikrolithen von Pyroxen ausgezeichnet zu unterscheiden.

Im zweiten Bereich liegen kleine und selten auftretende Pseudomorphosen von Serpentin nach Olivin (25%), große Kalksteintrümmer (30%) und eine zersetzte, phlogopitfreie Grundmasse (45%) vor. Möglicherweise wurde hier das Wachstum der Phenokristalle und der Pyroxenmikrolithe durch die zahlreichen Kalksteineinschlüsse verhindert.

Der dritte Bereich besitzt einen geringen, nur 15 bis 20% betragenden Anteil von Pseudomorphosen nach Olivin; Mikroxenolithe fehlen, die Grundmasse ist etwas heller.

Die Kimberlite des Gebiets an der Malaja Batuobija

In diesem Rayon wurden die Kimberlite der Durchschlagsröhre „Mir" untersucht.

Makroskopisch sind zwei Varietäten der Kimberlite zu unterscheiden:

a) feinklastische Gesteine, nicht selten deutlich schichtig, sie erinnern an typische Tuffe;

b) grobklastische Gesteine; sie sind stellenweise intensiv verquarzt und ähneln vulkanischen Tuffbrekzien.

Die Kimberlite dieses Gebiets besitzen eine wesentlich dunklere Farbe als die im Gebiet von Daaldynsk auftretenden.

In den Gesteinen der feinklastischen Varietät liegt ein Anteil von 70–80% Bruchstücken von Olivin-Phenokristallen (der Olivin ist restlos durch Serpentin und Karbonat verdrängt), 2–3% Pyrop und 20–25% eines braunen, aus Karbonat und Serpentin bestehenden Bindemittels vor.

Von Fremdgesteinstrümmern sind Kalksteine, Serpentin-Chlorit-Karbonatschiefer, Quarzite und Diabase am häufigsten.

Petrographisch zeichnen sich die Kimberlite des Rayons Daaldynsk gegenüber den Kimberliten des Rayons an der Malaja Batuobija durch den Reichtum sowohl an verwandten als auch fremden Einschlüssen aus. Während im Kimberlit aus der Durchschlagsröhre „Mir" hauptsächlich Sedimentgesteinseinschlüsse (Kalksteine), Schiefer und selten Xenolithe eklogitartiger Gesteine zu beobachten sind, treten in den Daaldynsker Kimberliten reichlich sowohl Gesteine der Eklogitfazies als auch Sedimentgesteinstrümmer auf.

Hinsichtlich der mineralogischen Zusammensetzung bestehen folgende Unterschiede:

Die Daaldynsker Kimberlite enthalten Phlogopit, die Kimberlite von der Malaja Batuobija enthalten Chlorit, selten frischen Biotit. Die ersten sind reich an Pyrop und Ilmenit, sie enthalten auch Perowskit, die letzten enthalten nur Pyrop, während Ilmenit und Perowskit sehr selten auftreten.

Die Kimberlite der Pipe „Mir" wurden nach ihrer Bildung tektonisch beansprucht, während dies bei den anderen nicht der Fall war. Tabelle 1 bringt einige Vollanalysen von Kimberliten aus Durchschlagsröhren des Rayons Daaldynsk.

Ohne auf die Petrographie der verschiedenartigen Einschlüsse einzugehen, referieren wir kurz das im Abschnitt „Vergleich der sibirischen Kimberlite mit den

Tabelle 1

Zusammensetzung	Kimberlite						
	Pipe „Sarniza"		Pipe „Poljarnaja"				Pipe „Udatschnaja"
	Nr. 1a	Nr. 3a	Nr. 1	Nr. 2	Nr. 3	Nr. 4	Nr. 14/1
	Analytiker: M. STUKALOWA		Analytiker: M. TSCHUJENKO	Analytiker: BAKLANOWA	Analytiker: W. KOWJASINA	Analytiker: W. KOWJASINA	Analytiker: M. TSCHUJENKO
SiO_2	26,85	26,51	25,66	29,72	27,20	30,58	27,60
TiO_2	1,40	1,60	2,77	0,21	2,15	2,10	2,29
Al_2O_3	2,34	2,35	2,61	6,51	4,98	1,20	1,42
Cr_2O_3	0,14	0,11	0,20	0,19	0,04	0,08	0,16
Fe_2O_3	4,77	7,08	9,23	10,17	11,34	7,66	7,63
FeO	2,34	1,80	1,71	2,58	2,00	1,71	1,64
MnO	0,12	0,10	0,20	0,14	0,21	0,14	0,18
MgO	22,82	25,32	25,49	29,90	27,08	32,21	26,67
CaO	17,37	14,60	13,28	6,00	8,80	7,80	12,40
Na_2O / K_2O	0,24	0,26	0,07	0,30	–	–	0,10
BaO	Sp.	Sp.	0,26	Sp.	0,05	0,08	0,22
NiO	0,07	0,08	0,13	0,08	0,12	0,18	0,12
P_2O_5	0,16	0,30	0,35	0,32	0,12	0,20	0,46
S	–	–	0,03	Sp.	0,05	0,04	0,15
CO_2	13,80	11,60	10,20	2,96	6,03	5,31	9,74
H_2O hygr.	1,35	1,17	0,40	0,68	1,56	1,26	1,20
Glühverlust	6,40	7,40	7,60	10,50	8,31	9,82	8,52
	100,17	100,28	100,19	100,26	100,04	100,37	100,50

Kimberliten Südafrikas" Gesagte. Hinsichtlich der mineralogischen Zusammensetzung und der Struktur des eigentlichen magmatischen Gesteins wie auch der klastischen, häufig brekzienartigen Textur der die Pipes ausfüllenden Gesteinsmasse bestehen sehr große Ähnlichkeiten zwischen den Kimberliten Sibiriens und Südafrikas. Ähnlich wie in den Pipes von Südafrika treten auch hier mehrere Generationen von Kimberlittrümmern auf.

Die sekundären Veränderungen endogener Natur führten in Südafrika und Sibirien zu ähnlichen Endprodukten, wogegen die durch die Verwitterung unter tropischem Klima bedingten Zonen des „yellow ground" und des „blue ground" in Sibirien fehlen.

Ein wesentlicher Unterschied zwischen den Pipes von Südafrika und den Pipes in Jakutien besteht darin, daß in den ersteren echte, plagioklasfreie Eklogite auftreten, während in den letzteren eklogitartige Gesteine auftreten, die reich an mittelsaurem Plagioklas sind.

In den Pipes von Katanga (Belgisch-Kongo) kommen zwar auch Feldspateklogite vor, jedoch sind die Plagioklase basischer.

Im Gegensatz zu den afrikanischen Kimberliten enthalten die sibirischen wenig Einschlüsse ultrabasischer Gesteine.

Mineralogie der sibirischen Kimberlite

Die bei den Untersuchungen nachgewiesenen Mineralien lassen sich folgendermaßen untergliedern:

1) Primäre Mineralien, die unmittelbar mit der Bildung des Kimberlits im Zusammenhang stehen;

2) Sekundäre Mineralien, die bei den nachfolgenden Veränderungen des Kimberlits entstanden.

Die primären Mineralien lassen sich wiederum in Mineralien der Kimberlite und Mineralien der Xenolithe gliedern. Es ergibt sich folgendes Verzeichnis:

Primär		Sekundär
Mineralien der Kimberlite	Mineralien der Xenolithe	
Diamant	Pyrop	Serpentin
Ilmenit	Almandin	Kalkspat
Pyrop	Grossular	Quarz
Chromdiopsid	Hypersthen	Calciostrontianit
Diopsid	Turmalin	Cölestin
Olivin	Chromdiopsid	Phlogopit
Phlogopit	Diopsid	Chlorit
Magnetit	Zirkon	Hydroglimmer
	Apatit	Magnetit
	Feldspäte	Pyrit
	Quarz	Limonit.

Die ungefähren quantitativen Verhältnisse der Mineralien in den verschiedenen Kimberlitpipes illustriert die folgende Tabelle (Tabelle 2).

Wir gehen in diesem Referat nur auf die charakteristischsten Begleiter des Diamanten — Pyrop und Ilmenit — ein.

Tabelle 2

Bezeichnung der Lagerstätten	Primäre Mineralien		Sekundäre Mineralien	
	Weit verbreitet	Wenig verbreitet	Weit verbreitet	Wenig verbreitet
„Sarniza"	Ilmenit	Almandin	Kalkspat	Calciostrontianit
	Pyrop	Diopsid	Serpentin	Cölestin
	Magnetit	Chromdiopsid	Magnetit	Chlorit
		Feldspäte	Limonit	Phlogopit
		Phlogopit		Quarz
		Olivin		
		Zirkon		
		Apatit		
		Quarz		
„Mir"	Ilmenit	Grossular	Serpentin	Hydroglimmer
	Pyrop	Chromdiopsid	Magnetit	Quarz
	Magnetit	Zirkon	Chlorit	
		Turmalin	Kalkspat	
		Quarz	Limonit	
			Kalkspat	
„Sagadotschnaja"	Pyrop	Ilmenit		
	Chromdiopsid	Chromit	Serpentin	
			Hydroglimmer	
			Limonit	

Pyrop

Dieses Mineral ist in allen untersuchten Pipes weit verbreitet. Gewöhnlich liegen gerundete Körner vor, häufig aber auch Bruchstücke mit muscheligem Bruch. Die Oberfläche ist gewöhnlich rauh, sie zeigt zahlreiche mit sekundären Mineralien ausgefüllte Risse, wodurch die Farbe des Pyrops schmutzig gräulich-rot wird. Manchmal sind die Pyropkörner mit einer gräulich-weißen oder grünlich-schwarzen kelyphitischen Kruste überzogen. Sie besteht aus folgenden Mineralien, wie die mikroskopische Untersuchung gezeigt hat: Chlorit, Biotit, Kalkspat, Amphibol, Hydroglimmer (?), Hypersthen, Plagioklas.

Die Abmessungen der Pyropkörner liegen zwischen 0,1 mm—1,0 cm. Am häufigsten sind Körner mit Abmessungen von 0,5—2,0 mm. Es treten folgende Farben auf: dunkelrot, rot, lila, rosa, orange; auch fast farblose Pyrope kommen vor.

Es besteht ein enger Zusammenhang zwischen der Färbung des Pyrops und dem Chromgehalt. Im orangefarbenen Pyrop ist der Cr_2O_3-Gehalt wesentlich niedriger als im violetten. Zur Bestätigung dienen die Absorptionskurven im sichtbaren Teil des Spektrums (Tabelle 3).

Tabelle 3

Nr. der Probe	Farbe der Probe	Cr-Gehalt in %	Höhe des Absorptionsmaximums bei λ = 420 mμ in Einheiten der K-Skala
6	Hell rotviolett	1,10	1,24
8	Hell tintenviolett	1,18	1,20
10	Dunkelviolett	1,25	1,52
3	Rot	1,33	2,08
7	Tiefviolett	1,55	2,25
11	Rotviolett	1,58	2,36
9	Tiefviolett	1,60	2,44
1	Hellviolett	1,78	3,52

Ilmenit

Dieses Mineral kommt besonders in der Pipe „Sarniza" in weiter Verbreitung vor, in geringerem Maße in der Pipe „Mir" und in ganz unbedeutenden Mengen in der Pipe „Sagadotschnaja".

Ilmenit kommt gewöhnlich in eckigen Stücken vor. An der Oberfläche sind diese mit einem dünnen grauen Leukoxenüberzug bedeckt. Im frischen Bruch besitzt der Imenit pechschwarze Farbe und Metallglanz.

In der Pipe „Sarniza" sind die Ilmenitkörner von feinsten (0,1 mm) Perowskitkriställchen umwachsen.

Der als Begleiter der sibirischen Diamanten auftretende Ilmenit unterscheidet sich vom gewöhnlichen durch einen bedeutenden Gehalt an Eisen- und Magnesiumoxyd und er gleicht in dieser Beziehung vollständig dem Ilmenit aus den Kimberliten Afrikas und Amerikas.

Mineralogie der Diamanten des Wiljuibeckens

Die Abmessungen der in den primären und Seifenlagerstätten Jakutiens gefundenen Diamanten sind recht unterschiedlich (kleinste Körner mit einem Gewicht von 0,1—0,2 mg bis zu relativ großen Kristallen von einigen Karat Gewicht). Der größte bisher gefundene Diamant besitzt ein Gewicht von 32,5 Karat. Es herrschen mengenmäßig sehr kleine Kristalle oder deren Bruchstücke vor (etwa die Hälfte der gefundenen Diamanten besitzt ein Gewicht bis zu 10 mg, 70—90% der Diamanten besitzen ein Gewicht bis zu 20 mg). Es handelt sich also vorwiegend um Diamanten, die für technische Zwecke in Betracht kommen.

Kristallform. Mit seltenen Ausnahmen herrschen oktaedrische und rhombendodekaedrische Kristalle oder Übergangsformen vom Oktaeder zum Rhombendodekaeder vor. Kubische Kristalle sind selten. Außerordentlich charakteristisch ist bei den meisten Kristallen der ausgeprägte schichtige (laminare) Aufbau.

Zwillinge und Verwachsungen: Sie kommen zwar in geringem Maße vor, stellen aber keine besondere Seltenheit dar. Meist handelt es sich um Zwillinge nach dem Spinellgesetz. Als Verwachsungsfläche tritt $\{111\}$ auf.

Spezifisches Gewicht: Die vorhandenen Bestimmungen geben Werte von 3,52—3,56 an.

Färbung: Die meisten Diamanten des Wiljuibeckens sind farblos. Intensiv gefärbte sind selten. Davon tritt gelb in verschiedenen Tönungen am häufigsten auf.

Lumineszenz: Fast alle Diamanten Sibiriens lumineszieren bei Einwirkung von Röntgen-, Kathoden- und ultravioletten Strahlen.

Einschlüsse: Am häufigsten tritt Graphit auf. Von durchsichtigen Mineralien kommen Olivin, Pyrop, Zirkon und Chromspinell vor.

Erhaltungszustand der Kristalle und Spuren mechanischen Verschleißes: Viele Diamantkristalle zeigen frische Spuren mechanischer Beschädigungen. Selten tritt eine Beschädigung von Flächen und Kanten durch Abrieb auf.

Morphologische Haupttypen der Diamanten des Wiljuibeckens

Die an vielen Tausenden von Diamanten aus primären und aus Seifenlagerstätten vorgenommenen Bestimmungen gestatten, einige morphologische Gesetzmäßigkeiten zu formulieren. Regelmäßig ausgebildete Oktaeder sind fast immer durchsichtig und glänzend; sie enthalten keine staubartigen Graphiteinschlüsse, und sie zeigen eine blaue Lumineszenzfarbe. Diamanten mit unterbrochener Streifung sind gewöhnlich trüb, wenig glänzend und stark verschmutzt. Die gerundeten Diamanten gehören zu den Varietäten des „reinsten Wassers".

Man kann folgende morphologische Typen der Diamanten unterscheiden, die im Wiljuibecken auftreten:

Ebenflächige Oktaeder;

Kristalle, die aus trigonalen Wachstumsschichten bestehen;

Kristalle mit polyzentrisch wachsenden Flächen;

Kristalle, die aus ditrigonalen Wachstumsschichten bestehen;

Kristalle mit „unterbrochener" Streifung;

Kristalle mit gerundeten, gestuften Flächen;

Kristalle mit Blockskulptur;

Gerundete Kristalle;

Kristalle mit kubischem Habitus.

Über die Genauigkeit der Erkundungsprofile[1]

D. A. SENKOW, Moskau

Die Bedeutung der Erkundungsprofile

Die Erkundung einer Lagerstätte, die mit der Erforschung ihrer Oberfläche durch eine eingehende geologische Kartierung und die Freilegung des Ausgehenden ihrer Erzkörper beginnt, und die Erforschung ihrer tiefliegenden Teile durch Bohrungen, bergmännische Aufschlüsse oder durch Anwendung geophysikalischer Erkundungsmethoden einschließt, ermöglicht schließlich eine räumliche Vorstellung vom Erkundungsprojekt. Diese gestattet es, die Verteilung der nutzbaren Minerale in ihrem Bereich zu erforschen, die Vorräte zu berechnen, eine Charakteristik der bergmännisch-geologischen Abbauverhältnisse zu geben und die übrigen Erkundungsaufgaben zu lösen. Die mit dem Fortschreiten der Erkundungsarbeiten stets wachsenden Kenntnisse über die Genese, Struktur und andere Besonderheiten der Lagerstätte, helfen außerdem den Geologen, die weitere Erkundung des Objekts zweckmäßig zu lenken. Das geologische Studium der während der Erkundung gesammelten Unterlagen ist ein untrennbarer Bestandteil des Erkundungsprozesses.

Größte Bedeutung für die Darstellung eines Erzkörpers und einer Lagerstätte haben die Erkundungsprofile. Diese dürfen aber keinesfalls nur als Illustration angesehen werden; auf ihrer Grundlage können bekanntlich verschiedene Messungen und die Vorratsberechnung durchgeführt werden.

Deshalb stellen Erkundungsprofile wichtigstes Dokumentations- und Arbeitsmaterial dar. Auf die Rolle der Profile bei der Erkundung wurde von W. M. KREJTER bereits im Jahre 1940 hingewiesen.

Es muß besonders betont werden, daß wir auf dem Profil nicht nur einzelne Elemente der Lagerstätte, d. h. die sie aufbauenden Gesteine, Erzkörper u. a. ablesen können. Anhand der Profile kann man auch die Wechselbeziehungen dieser Elemente zueinander studieren, die geologische Stellung der Erzkörper feststellen und die Genese der Lagerstätte im ganzen klären. Somit vermitteln die Profile die allseitigste Vorstellung von der Lagerstätte.

Mit vollem Recht kann gesagt werden, daß die Erkundung einer beliebigen Lagerstätte letzten Endes darauf gerichtet ist, eine optimale Anzahl von Profilen zu erhalten. Eine ausgezeichnete Ergänzung zu diesen sind Blockdiagramme und Modelle.

Es gibt noch andere Methoden der graphischen Darstellung, die sich auf Verfahren der Montangeometrie stützen — Methoden der verschiedensten Isolinien realer und imaginärer Flächen eines unterirdischen Reliefs. Mit Hilfe dieser Methoden kann man jedoch nur einzelne Eigenschaften des Erzkörpers oder der Lagerstätte, losgelöst von den übrigen, darstellen. Darin besteht ihr grundsätzlicher Mangel; infolgedessen spielen sie bei der Erkundung immer eine Nebenrolle.

Erkundungsprofile haben, im Unterschied zu Erläuterungsprofilen der geologischen Karten, eine größere Genauigkeit, objektiveren Charakter und verantwortungsvollere Bedeutung. Man verwendet sie nicht nur zur Erkundung selbst, sondern auch zur Berechnung der Vorräte sowie zur Projektierung bergmännischer Arbeiten.

Die Genauigkeit der Erkundungsprofile ist verschieden und hängt einerseits vom Grad der Kompliziertheit des geologischen Baues der Lagerstätte, andererseits von den angewandten Erkundungsverfahren ab. Der Untersuchung dieser Frage ist der vorliegende Artikel gewidmet.

Die Konstruktion der Profile

Die Erkundungsbaue, nach denen die Profile konstruiert werden (wir werden nur Querprofile der Erzkörper behandeln), sind in einer bestimmten Reihenfolge und in bestimmten Abständen voneinander angeordnet, wobei sie das gesamte Erkundungsgebiet umfassen.

Die Menge des in den Versuchsbauen anfallenden Erzmaterials wie auch der Gesamtumfang der Baue sind verschwindend klein im Vergleich zur Größe der zu erkundenden Lagerstätte. Jede Erkundung kann unter diesem Gesichtspunkt als kleine Stichprobe bezeichnet werden, nach deren Daten der Erkunder den Erzkörper als Ganzes beurteilen soll. Außerdem kann man den größten Teil der Erkundungsbaue infolge der geringen Abmessungen ihrer Querprofile, im Vergleich zu den Profilflächen des Erzkörpers, als lineare Größen ansehen.

Bei der Konstruktion der Profile ist man für die Zwischenräume zwischen jeweils zwei benachbarten Aufschlüssen zur Anwendung der Interpolation gezwungen, da diese Zwischenräume nicht erforscht sind; ihnen werden Zwischenwerte der bei den benachbarten Aufschlüssen festgestellten Werte zugeordnet. In den Randteilen der Profile (an den Flanken und nach der Teufe zu) wird nicht selten auch zur Extrapolation Zuflucht genommen.

In verhältnismäßig seltenen Fällen gelingt es dem Erkunder, Profile anzufertigen, in denen einzelne Konturen lückenlos verfolgt werden konnten. Wir denken hierbei an in bergmännischen Aufschlüssen aufgenommene Profile geringmächtiger Erzkörper (hauptsächlich von Gängen), wenn deren Breite die Mächtigkeit des Erzkörpers übersteigt. Die Horizontal- und Querschnitte geben in diesem Fall lediglich die aufgeschlossenen Begrenzungen der Erzkörper lückenlos wieder. Andere Eigenschaften des Erzkörpers zu untersuchen, z. B. den Gehalt an nutzbarer Komponente, ist aber auch hier nur an einzelnen bemusterten Punkten möglich; die Erzsorten müssen bei diesen Profilen schon unter Anwendung der Interpolation ausgesondert werden. So kann

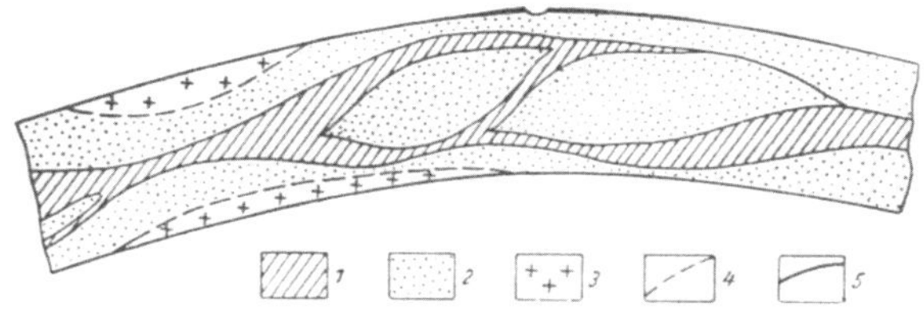

Abb. 1. Nach lückenloser Aufnahme der Grenzen des Erzkörpers angefertigtes Profil. Teilansicht der im Streichen des Ganges durchteuften Strecke.

1 — Erzkörper; 2 — Erznahe veränderte Nebengesteine; 3 — Unveränderte Nebengesteine; 4 — Grenze zwischen den veränderten und unveränderten Nebengesteinen; 5 — Begrenzung der Strecke.

[1] Aus „Sowjetische Geologie", Moskau (russisch), Sammelband 49, Jahrgang 1955.

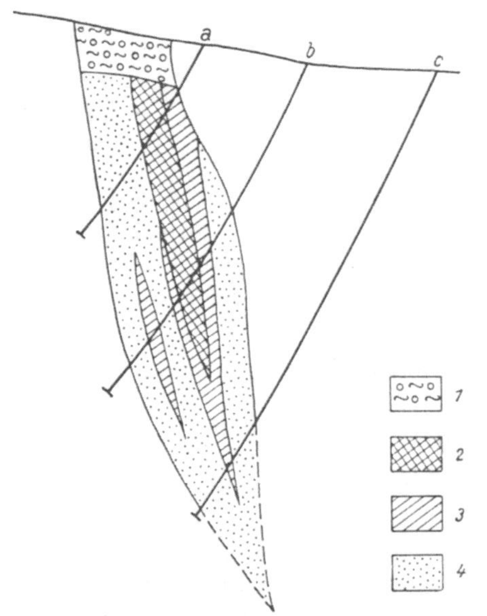

Abb. 2. Hauptsächlich nach der Interpolationsmethode (mit untergeordneter Extrapolation) angefertigtes Profil. Querschnitt einer Erzlinse nach Bohrunterlagen.

1 – Oxydationszone; 2 – Polymetallisches Erz; 3 – Pyrit; 4 – Eingesprengtes Erz. Mit ausgezogenen Linien sind die interpolierten Umrisse, mit punktierter Linie die extrapolierten dargestellt.

man in Abhängigkeit von der Darstellungsmethode und von den vorhandenen Unterlagen folgende Profilarten (in der Reihenfolge sich verringernder Genauigkeit) unterscheiden:

1) nach der Methode der lückenlosen Aufnahme der Begrenzungen konstruierte (Abb. 1);

2) unter Anwendung der Interpolation (mit untergeordneter Extrapolation) hergestellte (Abb. 2);

3) hauptsächlich nach Extrapolationsmethoden hergestellte.

Die direkte Interpolation und ihre Abarten

Die Interpolation zwischen zwei Erkundungsaufschlüssen kann gradlinig, auf mathematischen Voraus-

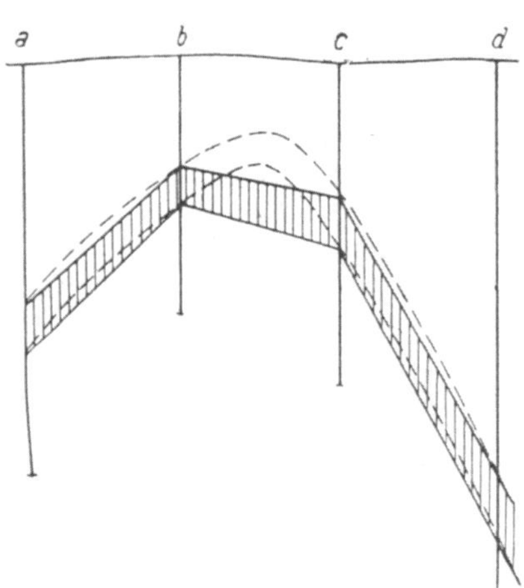

Abb. 3. Schnitt durch eine sedimentäre Lagerstätte, die von einem gefalteten, in der Mächtigkeit gleichbleibenden Flöz gebildet wird. Die schraffierte Fläche ist nach der Methode der geradlinigen Interpolation ermittelt; mit punktierter Linie sind die nach der geologischen Interpolationsmethode gefundenen Grenzen desselben Flözes dargestellt.

setzungen beruhend und krummlinig, nach geologischen Gesichtspunkten, vorgenommen werden.

Die erstere erfolgt durch das Ziehen geradliniger Grenzen zwischen den Aufschlüssen, d. h. es wird angenommen, daß sich die eine oder andere Eigenschaft zwischen zwei Punkten nach dem Gesetz der geraden Linie verändert. Die mathematische Interpolation könnte auch nach dem Gesetz irgendeiner Kurve durchgeführt werden; eine solche Methode wird aber praktisch vorläufig nicht angewandt.

Bei der geradlinigen Interpolation wird nur eine Eigenschaft des Erzkörpers, außerhalb ihres Zusammenhanges mit den übrigen Faktoren, berücksichtigt; es wird dabei angenommen, daß sich die Veränderung der Eigenschaften nach den einfachsten mathematischen Gesetzen vollzieht. Ungeachtet der offensichtlichen Mängel dieser Methode können wir ihre Anwendung nicht völlig ablehnen. Die gradlinige Interpolation kann sich dann als richtig erweisen, wenn sich die Veränderung der betreffenden Eigenschaften tatsächlich genau oder fast nach dem Gesetz der geraden Linie vollzieht (z. B. allmähliches Auskeilen einer Schicht). Andererseits werden wir die geradlinige Interpolation bei Lückenhaftigkeit der entsprechenden geologischen Kenntnisse oder bei sehr komplizierten geologischen Verhältnissen anwenden müssen.

Die geologische Interpolation ist die genauere, weil sie alle geologischen Tatsachen und ihre Wechselbeziehungen berücksichtigt. Sie gibt die Beschaffenheit der Erzkörper genauer wieder, d. h., sie nähert sich in größerem Maße den natürlichen Umrissen und dem Lagerungscharakter. Als Beispiel kann irgendeine sedimentäre Lagerstätte angeführt werden, die als gefaltetes, in der Mächtigkeit gleichbleibendes Flöz vorliegt. Die mathematische Interpolation ergibt unbedingt gebrochene gerade Umrißlinien, die bei weitem nicht der Wirklichkeit entsprechen. Das nach der Methode der geologischen Interpolation dargestellte Profil gibt die Morphologie des Flözes genauer wieder (Abb. 3).

Als weiteres Beispiel nehmen wir ein in einer geschieferten sedimentär-effusiven Gesteinsfolge konkordant lagerndes und durch die Schieferung kontrolliertes metasomatisches Lager. Werden die Erzkörper von den Bohrungen in Bereichen angeschnitten, die der Schieferungsrichtung nicht entsprechen, so zeichnet der Geologe mit Sicherheit zwei kulissenartig lagernde Erzlager in das Profil. Die mathematische Interpolation führt in diesem Fall zu einer noch stärkeren Entstellung der Wirklichkeit (Abb. 4).

Die geologische Interpolation wird in besonders großem Umfange in den Anfangsstadien der Erkundung bei bedeutenden Entfernungen zwischen den Aufschlüssen angewandt. Die Kenntnis der Morphologie des Faltenbaus der Lagerstätte gibt dem Geologen (bei Vorhandensein einer ausführlichen geologischen Karte) z. B. das Recht, gekrümmte Begrenzungslinien des Erzkörpers zwischen zwei voneinander weit entfernten Aufschlüssen zu ziehen, ungeachtet dessen, daß diese Krümmung in den Aufschlüssen nicht festgestellt wurde. Bei der mathematischen Interpolation ist dies nicht zulässig. Es ist nicht schwer zu erkennen, daß sich bei der mathematischen Interpolation die Profile der Erzkörper und folglich auch die nach diesen Profilen berechneten Vorräte wesentlich von den Vorräten unterscheiden können, die nach Profilen berechnet wurden, deren Anfertigung nach der geologischen Interpolationsmethode

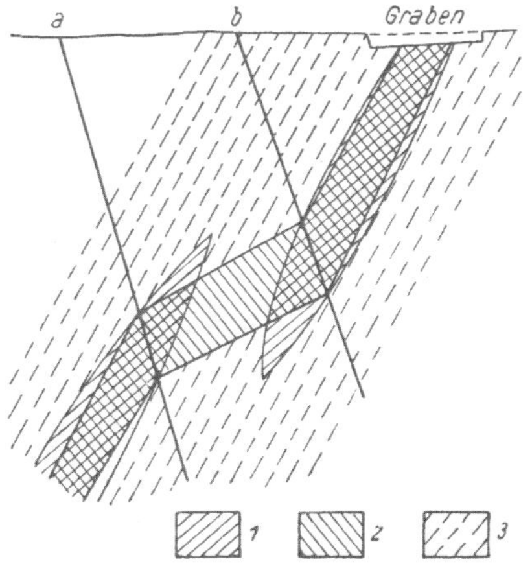

Abb. 4. Schnitt durch metasomatische Lager in geschieferten sedimentär-effusiven Gesteinen.

1 – Nach der geologischen Interpolationsmethode begrenzter Erzkörper; 2 – Nach der mathematischen Interpolationsmethode begrenzter Erzkörper; 3 – Geschieferte sedimentär-effusive Nebengesteine.

erfolgte. Wie in der Abb. 4 zu erkennen ist, können die Vorräte in diesem Falle bedeutend überhöht werden. Bei der Profilanfertigung nach der geologischen Interpolationsmethode müssen alle bei der Erkundung erzielten Ergebnisse berücksichtigt werden. So geben z. B. die in den Anfangsetappen der Erkundung zusammengestellten Profile im Stadium der ausführlichen Erkundung bei der Anfertigung neuer Zwischenprofile eine große Hilfe. Die ständige Erweiterung und Präzisierung aller geologischen Elemente der Lagerstätte ist die wichtigste Voraussetzung für die Anwendung dieser Methode. Jede gebogene Grenze muß in strenger Übereinstimmung mit den geologischen Unterlagen aufgetragen werden.

In der Geologie gibt es viele, nicht ausreichend tief erkannte oder im höchsten Grade veränderliche Faktoren, die als sich ungesetzmäßig verändernde Größen auftreten. Beginnen wir z. B. mit der Erkundung einer Kontaktlagerstätte, so wissen wir im voraus, daß die Kontaktfläche der Intrusion mit den Nebengesteinen stets, besonders bei diskordanter Lagerung der Intrusion, unregelmäßig sein wird. Man kann sich jedoch vorher das Kontaktrelief nicht in allen Einzelheiten konkret vorstellen; jede seiner Krümmungen, jede Veränderung tritt für den Erkunder als ungesetzmäßig in Erscheinung. Die Verteilung der Bereiche bauwürdiger Erzkonzentrationen in der kontaktnahen Zone scheint bei Beginn der Erkundung ebenfalls oftmals zufällig zu sein. Zusammenhänge und Gesetzmäßigkeiten stellen sich lediglich erst im letzten Stadium der Erkundung oder dann heraus, wenn die Lagerstätte bereits erkundet ist und häufig sogar erst nach deren Abbau.

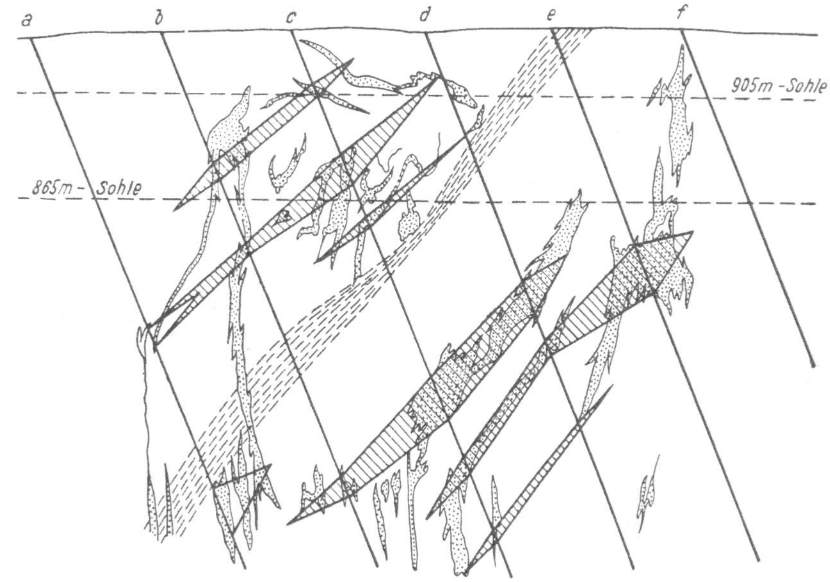

Abb. 5. Erste Variante einer Darstellung der Begrenzungen morphologisch komplizierter Erzkörper nach Bohrunterlagen. Als Grundlage für die Konstruktion der Grenzen ist der Einfluß der Störungszone angenommen worden.

1 – Die wahren Formen der nach Unterlagen der geologischen Dokumentation abgebauter Räume dargestellten Erzkörper; 2 – Nach der Methode der geradlinigen Interpolation dargestellte Erzkörper; 3 – Störungszone (vor der Vererzung); die Nebengesteine sind phyllitisierte tonige Schiefer mit vertikaler Orientierung der Schieferung.

Aber auch dann erscheinen viele Eigenschaften des Erzkörpers wie bisher als unabhängige Größen. So steht es z. B. mit der Verteilung der Komponenten in vielen endogenen Lagerstätten.

In allen diesen Fällen kann die geologische Interpolation nicht streng begründet werden und verliert deshalb ihre Kraft. Um willkürliche, subjektive Darstellungen zu vermeiden, muß zu geradlinigen übergegangen und manchmal auch völlig auf eine Darstellung der Verbindung der Erzkörper zwischen den Aufschlüssen verzichtet werden.

Eine allgemeine Besonderheit aller Erkundungsprofile ist die ständige Vereinfachung der konstruierten Umrisse, sogar dann, wenn die Aufschlüsse maximal dicht angelegt werden. Die geologische Interpolation gibt ebenfalls oft keine Möglichkeit, z. B. die Form eines Erzkörpers in allen Einzelheiten im Profil zu erfassen. Die wahre Gestalt der Grenze des Erzkörpers kann oft erst nach seinem vollständigen Abbau festgestellt werden. Ein Beispiel für eine komplizierte Umgrenzung der Erzkörper ist in Abb. 5 dargestellt. Die Erkundung darf nicht danach streben, alle zweitrangigen Einzelheiten der Form festzulegen. Bei der Profildarstellung muß darauf geachtet werden, daß sich die Profilfläche des Erzkörpers nach Möglichkeit der wahren Größe nähert und daß keine systematischen Fehler unterlaufen. Diese Bedingung ist in erster Linie für die Zuverlässigkeit der Vorratsberechnung erforderlich.

Die doppelte Interpolation

Manchmal ergibt sich die Notwendigkeit, nach den vertikalen Schnitten horizontale Hilfsprofile anzulegen. Diese verlaufen hierbei oft zwischen den Aufschlüssen des Vertikalschnittes (wie tonnlägige Bohrungen), d. h. basieren bereits auf interpolierten und nicht auf unmittelbar abgelesenen Größen. Mit Hilfe dieser Ausgangsdaten wird zur Darstellung des Horizontalschnitts die zweite Interpolation vorgenommen. Eine solche doppelte Interpolation wird mitunter auch im umgekehrten Falle — zur Darstellung von vertikalen Hilfsprofilen nach Unterlagen von Horizontalschnitten[2]) angewandt.

Nach der Methode der doppelten Interpolation angefertigte Profile haben im Vergleich zu den Ausgangsprofilen eine geringere Genauigkeit. Man kann sie abgeleitete Profile nennen.

Profile mit Interpolation mehrerer Varianten

Durch die Koordinierung zweier benachbarter Aufschlüsse entstehen bei der Profilanfertigung oftmals Unbestimmtheiten in der Darstellung der Begrenzung der Erzkörper. Diese Unbestimmtheiten ermöglichen es, mehrere Varianten der Umrisse des Erzkörpers zu zeichnen. Die dargestellten Begrenzungen umschreiben Flächen unterschiedlichen Inhalts. Doch selbst dann, wenn die Flächen des in mehreren Varianten dargestellten Erzkörpers im Profil ungefähr größengleich sind, weisen seine Formen und Lagerungsverhältnisse wesentliche Abweichungen auf (Abb. 6, 7). Das gilt auch für die Werte einiger seiner anderen Eigenschaften. Somit setzt die Vielheit der Varianten stets die Genauigkeit und Zuverlässigkeit des Profils und manchmal auch die Genauigkeit der Vorratsberechnung herab.

Die Anwendung der einfachen geradlinigen Interpolation hat in diesen Fällen stets eine größere Anzahl von Varianten der Profildarstellung zur Folge als die der geologischen. Die Berücksichtigung aller geologischen Tatsachen gestattet es, Varianten zu verwerfen, die zur geologischen Stellung des Erzkörpers in offensichtlichem Widerspruch stehen, wobei die struktur-lithologische Untersuchung der Erkundungsunterlagen besondere Bedeutung erlangt.

Die geologische Inter- und Extrapolation gestatten jedoch auch bei weitem nicht immer, sich nur auf eine einzige Variante der Umgrenzung des Erzkörpers zu beschränken. Bei komplizierten und ungenügend erforschten geologischen Verhältnissen können mehrere geologisch unterschiedliche und gleichwertige Varianten entstehen. In diesen Fällen ist der einzig richtige Ausweg aus dieser Lage eine Erhöhung der Anzahl der Aufschlüsse in dem Teil des Profils, in dem Schwierigkeiten in der Koordinierung benachbarter Bohrungen auftreten.

Schließlich müssen Fälle in Betracht gezogen werden, in denen mehrere Varianten der Interpolation trotz größtmöglicher Dichte in der Anordnung der Erkundungsbaue (in der heutigen Praxis werden als Mindestentfernungen zwischen den Aufschlüssen Abstände von 10—20 m angenommen) bestehen bleiben. Eine weitere Erhöhung der Dichte des Erkundungsnetzes wäre wirtschaftlich unzweckmäßig. In solchen Fällen ist es am richtigsten, nur die Profile der Aufschlüsse ohne ihre Korrelation zueinander darzustellen.

Als Beispiel für die Unmöglichkeit, benachbarte Aufschlüsse miteinander in Einklang zu bringen, kann die Erkundung folgender Lagerstätten dienen: 1) platinhaltige Chromitschlieren der Ural-Dunite; 2) kleine, nestförmige, mit den Verwitterungsvorgängen in Zusammenhang stehende Lager; 3) einige Lagerstätten von Rohstoffen für die optische Industrie usw. Genauso kann nicht immer eine Koordinierung der Profile bei der Umgrenzung einzelner der zahlreichen, aber kleinen tauben Zwischenmittel im Lagerstättenkörper vorgenommen werden. Das gleiche gilt bei häufiger Wechsellagerung verschiedener Erzsorten innerhalb des gesamten Erzlagers usw.

Die Extrapolation

Die Notwendigkeit einer Extrapolation entsteht gewöhnlich für Bereiche des Erzkörpers, die über die Grenzen der erkundeten Ausdehnung hinausgehen, d. h. außerhalb der letzten Aufschlüsse liegen, die den Erzkörper anschneiden.

Hauptaufgabe der Extrapolation ist es gewöhnlich, die Nullgrenze oder industrielle Minimalgrenze außerhalb der in den randlichen Partien des Erzkörpers liegenden Erkundungsaufschlüsse festzulegen. Die Erzvorräte dieser Bereiche gehören in den meisten Fällen zu den niedrigen Klassen. Nichtsdestoweniger kann man, je nach den Kriterien, die der Darstellung des äußeren Umrisses zugrunde gelegt wurden, sowohl eine mathematische als auch eine geologische Extrapolation unterscheiden.

Die Darstellung des äußeren Umrisses wird in bedeutendem Maße durch das Vorhandensein „leerer" (nichtfündiger), den Erzkörper nicht schneidender Aufschlüsse erleichtert, die unmittelbar hinter den letzten „produktiven" (fündigen) Aufschlüssen liegen. Diese nichtfündigen Aufschlüsse liefern bestimmte Grenzen für die Extrapolation und erhöhen folglich ihre Genauigkeit. Fehlen dagegen solche Aufschlüsse, so wird eine bedeutende Unsicher-

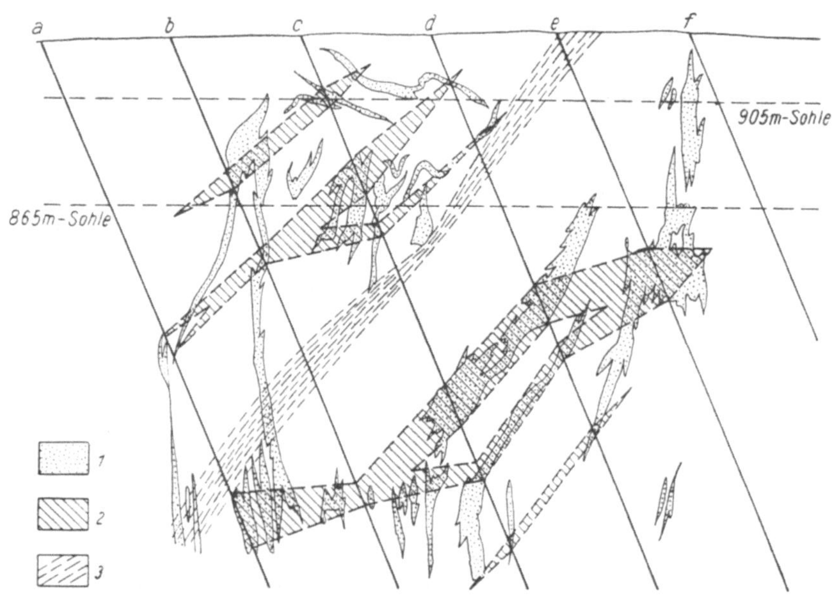

Abb. 6. Zweite Variante einer Darstellung der Begrenzungen der in Abb. 5 abgebildeten komplizierten Erzkörper; als Grundlage wurde der kontrollierende Einfluß der Schieferung genommen.
1 — Die wahre Form der Erzkörper; 2 — Durch die Interpolationsmethode dargestellte Erzkörper; 3 — Störungszone.

[2]) Die doppelte Interpolation kann eine gradlinige und eine krummlinige sein.

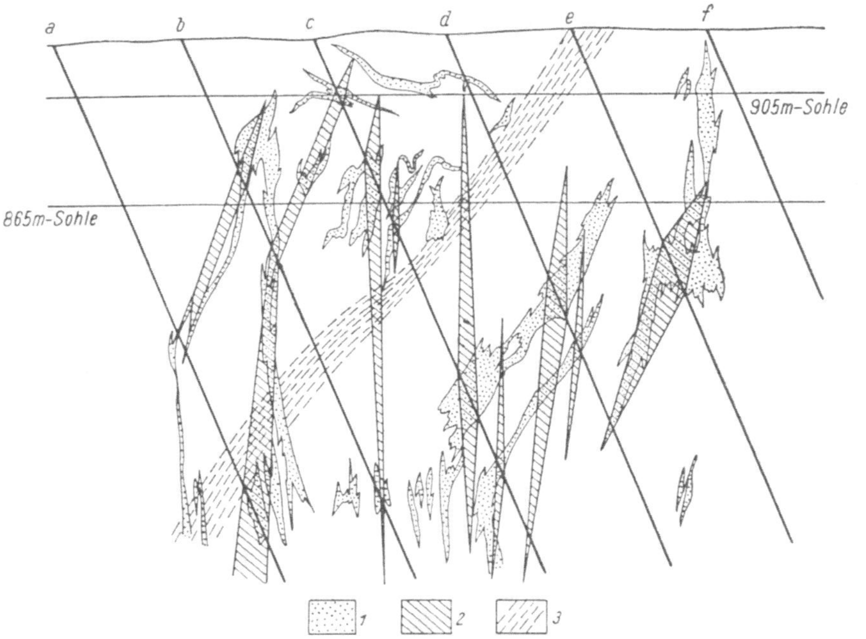

Abb. 7. Dritte Variante einer Darstellung der Begrenzungen der in Abb. 5 abgebildeten komplizierten Erzkörper; Variante der maximal angeschnittenen Flächen; die Begrenzungen wurden dargestellt, ohne die Struktur der Nebengesteine zu berücksichtigen.

1 – Die wahre Form der Erzkörper; 2 – Durch die Interpolationsmethode dargestellte Erzkörper; 3 – Störungszone.

heit in die Umgrenzung getragen und deren Genauigkeit stark vermindert.

Nach W. M. KREJTER kann man die Extrapolation in zwei Arten einteilen: in die begrenzte und die unbegrenzte. Die begrenzte Extrapolation kann nach verschiedenen Methoden durchgeführt werden. Die am meisten verbreiteten sind[3]):

1) Annahme des Nullpunktes auf halber Entfernung zwischen dem nichtfündigen und fündigen Aufschluß – ein formales Verfahren, das auf der Annahme vom gleichgroßen Einflußbereich beider Aufschlüsse basiert;

2) Festlegung der Nullinie nach der Methode des natürlichen Auskeilungswinkels – geologisches Verfahren;

3) Festlegung der Nullinie nach der Methode des mittleren Auskeilungswinkels.

Ein Vorbehalt muß für die Erzkörper gemacht werden, die keine natürlichen äußeren Umrisse haben, bei denen die Grenzen auf Grund der Bemusterungsergebnisse nach dem industriellen Minimalgehalt oder der Minimalmächtigkeit gezogen werden. In diesem Falle sind die letzten umgrenzenden Aufschlüsse diejenigen, die Gesteine mit unbauwürdigem Gehalt anschneiden, die man aber nicht zu den „tauben" rechnen kann. Die Grenzziehung zwischen den „bauwürdigen fündigen" und den „nicht-bauwürdigen fündigen" Aufschlüssen (d. h. zwischen Bilanz- und Außerbilanzvorräten. D. Red.) kann sowohl nach der Methode der gradlinigen Interpolation als auch nach der Methode der „Halbierung", d. h. auch einer Interpolation in gröberer Form, erfolgen. Für solche Erzkörper wird folglich die Extrapolation durch die Interpolation ersetzt.

Die unbegrenzte Extrapolation kann ebenfalls eine mathematische oder geologische sein. Die mathematischen Verfahren der unbegrenzten Extrapolation sind ziemlich zahlreich; folgende sind am bekanntesten:

Die Methode der halben Entfernungen zwischen den letzten fündigen und den nächsten, innerhalb des erkundeten Vielecks liegenden Aufschlüssen[4])

Diese Methode ist offenkundig fehlerhaft, da bei ihrer Anwendung die Konstruktion des äußeren Umrisses in direkte Abhängigkeit zur Dichte des Erkundungsnetzes gebracht wird. Je dichter das Netz, um so näher liegt der äußere dem inneren Umriß und umgekehrt.

Die Methode des Dreiecks oder Streifens

wird in Ermangelung einer besseren bis jetzt in ziemlich breitem Umfange angewandt. Sie gestattet jedoch keine richtige Bestimmung der Lagerstättenperspektive und führt nicht selten zu groben Fehlern. In der Literatur wurde sie längst einer gerechtfertigten Kritik unterzogen.

Bei der GKS (Staatliche Vorratskommission nutzbarer Bodenschätze) wurden sehr häufig Vorräte im Umfange von ein bis zwei Abbauhorizonten an die untersten erkundeten Horizonte steileinfallender Körper „angehängt". Dieses Verfahren berücksichtigt die Bedürfnisse der Abbauplanung bei dem fördernden Betrieb und ist dadurch gerechtfertigt. Aber trotzdem ist es ebenfalls formal und außerdem für ein „garantiertes Minimum" an Vorräten bestimmt, d. h. es kann keineswegs ihren wahren Umfang in der Lagerstätte widerspiegeln.

Die geologischen Methoden der unbegrenzten Extrapolation sind völlig ungenügend entwickelt. Bei einer Gruppe von Methoden werden die Grenzen des Erzkörpers aus seinen durch die Erkundung festgestellten, sich gesetzmäßig vermindernden Parametern (gesetzmäßige Verminderung der Mächtigkeit oder des Gehalts) ermittelt. Zu diesem gehört die Methode des natürlichen Auskeilungswinkels (der Mächtigkeit oder der Meterprozentgröße) sowie die Extrapolationsmethode der Isolinien einzelner Eigenschaften des Erzkörpers. Diese Methoden erweisen sich lediglich dann als ausreichend genau, wenn ein wirkliches Auskeilen und keine örtliche Verdrückung (oder zahlenmäßige Verminderung der Eigenschaftswerte) des Erzkörpers vorliegt. Offensichtlich gesetzmäßige Veränderungen werden jedoch verhältnismäßig selten angetroffen, und bei weitem gelingt es nicht immer, die wahre Sachlage richtig zu erkennen. Deshalb finden diese Methoden nur eine beschränkte Anwendung und werden nur dann benutzt, wenn sich die Eigenschaftswerte des Erzkörpers zahlenmäßig vermindern. Im Falle einer gesetzmäßigen Vergrößerung der zahlenmäßigen Eigenschaften ist die Anwendung dieser Methoden jedoch ausgeschlossen.

[3]) Siehe hierzu F. STAMMBERGER „Begrenzte und unbegrenzte Extrapolation bei der Lagerstättenumgrenzung. Z. angew. Geologie, 1955, Heft 1 (D. Red.).

[4]) d. h. die Extrapolation erfolgt auf eine Entfernung, die dem halben Abstand der letzten Bohrungen in der Randpartie des Körpers entspricht (D. Red.).

In der Literatur wird nicht selten die Anwendung von Analogiemethoden des Vergleichs mit anderen Erzkörpern der betreffenden Lagerstätte, mit genetisch verwandten Lagerstätten oder mit Lagerstätten des betreffenden Gebiets empfohlen. Diese Analogien können jedoch (sogar bei benachbarten Erzkörpern) nicht sehr genau sein. Ihrem Wesen nach sind es ,,passive" Methoden, da sie zu keiner tiefgreifenden Ausnutzung des Erkundungsmaterials der betreffenden Lagerstätte anregen.

Eine gewaltige Rolle bei der Beurteilung der Lagerstättenperspektiven könnte ein zielstrebiges Studium der geologischen Faktoren spielen, die unmittelbar mit diesem Problem zusammenhängen, wie genetischer Typus der Lagerstätte, ihre strukturelle Stellung, die tektonisch-paragenetische Beurteilung der materiellen Zusammensetzung der Erzkörper, die Tiefe des Erosionsanschnittes, die Beständigkeit oder Veränderlichkeit der Beschaffenheit des Erzkörpers usw.

Die Lagerstättenkunde untersucht alle diese Fragen (mit Ausnahme der letzten) schon lange, und unsere Kenntnisse sind hier ziemlich umfangreich. In der Literatur gibt es aber fast keine Arbeiten, die sich in konkreter Form mit den praktischen Fragen der Lagerstättenbeurteilung beschäftigen. Die Anzahl der Forschungsarbeiten ist auf diesem Gebiet äußerst gering. Es muß festgestellt werden, daß der gegenwärtige Stand der Lagerstättenkunde noch keine festen Kriterien kennt, die dem Erkunder bei der Lösung von Fragen der unbegrenzten Extrapolation helfen, besonders bei der Bestimmung der bauwürdigen Vererzungstiefe.

Zusammenfassend können wir feststellen, daß die Methoden der begrenzten Extrapolation genauer sind als die der unbegrenzten Extrapolation. Die formalen Verfahren der letzteren sind unbefriedigend und die geologischen Verfahren nicht in genügendem Maße ausgearbeitet. Ferner muß betont werden, daß die Extrapolation immer mehrfach variabel ist; davon zeugt die große Zahl ihrer verschiedenen Verfahren.

Die Zusammenhänge zwischen den Profilen

Die Koordinierung der Profile

Bei der eingehenden Beurteilung der gesamten Erkundungsunterlagen genügt es nicht, jedes Profil einzeln zu studieren; es müssen erstens die benachbarten Profile einander gegenübergestellt werden; zweitens müssen alle Profile zusammen betrachtet werden. Eine solche Analyse vermittelt nicht nur eine vollständige und allseitige Vorstellung vom Erkundungsobjekt, sondern führt auch zur Präzisierung jeden einzelnen Profils, wenn die Gegenüberstellungen noch während der Erkundung erfolgen.

Die Korrelation der Profile untereinander erweitert die Vorstellung vom Bau der Lagerstätte und ermöglicht es z. B., erschöpfende Unterlagen über die Morphologie der Falten, Störungen und sonstiger Strukturelemente zu erhalten. Das Studium der Morphologie der Strukturen gibt seinerseits die Möglichkeit, die weiteren Erkundungsarbeiten, besonders im Anfangsstadium der Erkundung, sachlich begründet zu lenken. Bei der Gegenüberstellung der Profile lassen sich eine ganze Anzahl von Veränderungen verfolgen: der faziellen Zusammensetzung der Schichten sedimentärer Gesteine und Erze, der mineralogischen Zusammensetzung der Erze, der veränderten Nebengesteine sowie auch der Intensität ihrer Metamorphose.

Die größte Bedeutung erlangt aber die Gegenüberstellung der Profile beim Studium der Morphologie und der Eigenschaften des Erzkörpers selbst. Dabei erhalten wir eine Gesamtvorstellung nicht nur von der Form des Erzkörpers im ganzen, sondern auch von ihrer Veränderung in einzelnen Bereichen. Wir können die Oberflächenausbildung des Hangenden und Liegenden des Erzkörpers beurteilen und die Gesetzmäßigkeiten seiner Veränderung feststellen, wenn wir die Änderungen seines Kontaktes mit den Nebengesteinen verfolgen. Ferner ist es möglich, das Verhalten und die Veränderung des inneren Baues des Erzkörpers nach allen Richtungen hin zu klären sowie die Gesetzmäßigkeiten in der Verteilung der Komponenten zu erkennen; auch die Erzarten werden dadurch festgestellt.

Beim gleichzeitigen Studium der Profile während der Erkundung wird auch ihre Koordinierung durchgeführt, wodurch sich ihre Qualität erhöht. So kann z. B. die Aussonderung von Erzsorten, d. h. deren Volumenumgrenzung, exakt nur bei gemeinsamer Betrachtung der benachbarten Profile durchgeführt werden. Wenn bei dieser Gegenüberstellung der eine oder andere natürliche Erztyp durch mehrere Profile verfolgt werden kann und genügend groß ist, so kann er ausgesondert und seine Vorräte für sich berechnet werden. Lassen sich aber die Ergebnisse der benachbarten Profile nicht miteinander vergleichen, so sind zwei Lösungen möglich:

1) Jede Erzsorte wird ausgesondert, aber nicht umgrenzt und bei der Vorratsberechnung ,,statistisch" berücksichtigt;

2) bei geringem Flächeninhalt der in den Profilen festgelegten Umrisse eines Erztyps, der die Unmöglichkeit eines selektiven Abbaus oder dessen Sortierung anzeigt, wird die Erzsorte überhaupt nicht ausgesondert.

Präzisiert werden muß der Begriff der Koordinierung der Profile. Man kann nicht von der Koordinierung des Erzkörpers im allgemeinen sprechen, weil stets nur einzelne seiner Eigenschaften in Einklang gebracht werden, die man im Profil darstellen kann: der allgemeine Umriß des Erzkörpers (d. h. seine Morphologie und die Lagerungsverhältnisse); die Grenzen einzelner Erzsorten, die nach dem mineralogischen Prinzip oder nach dem Gehalt ausgesondert werden; die Elemente des inneren Baues (manchmal).

Jede Zusammenfassung ist nur in dem Falle möglich, wenn eine Beständigkeit oder eine allmähliche Veränderung der zu untersuchenden Eigenschaft zu beobachten ist, weil die Koordinierung der Profile dem Wesen nach ebenfalls eine Interpolation darstellt. Bei einer sprunghaften, ungesetzmäßigen Veränderung der Eigenschaften ist die Anwendung einer Interpolation unmöglich.

Zwei Typen von Zusammenhängen zwischen den Profilen

Nach den Möglichkeiten für eine Koordinierung können Profile ausgesondert werden, zwischen denen eine Zusammenfassung einzelner Eigenschaften des Erzkörpers erfolgen kann und Profile, zwischen denen sie nicht möglich ist.

Die Koordinierung wird erleichtert durch die Konstruktion zusätzlicher Zwischenprofile, d. h. durch Verdichtung des Netzes der Erkundungsbaue. In einigen Fällen ändert jedoch eine Verdichtung des Erkundungsnetzes bis zu den praktisch zweckmäßigen Abständen die Sachlage nicht, und die Profile bleiben unkoordinierbar (Abb. 8). Ein System nicht miteinander in Einklang zu bringender Profile kann als System unabhängiger Profile bezeichnet werden; es widerspiegelt die besondere Kompliziertheit der zu erkundenden Lagerstätte.

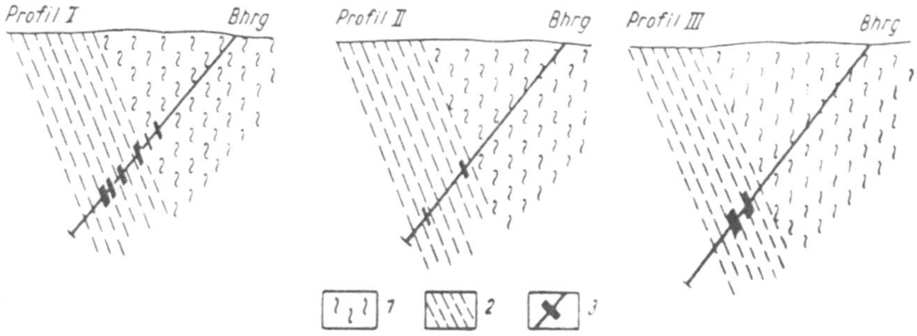

Abb. 8. Profile, die sich in 20 m Entfernung voneinander befinden und nicht miteinander in Einklang bringen lassen.
1 – Tuffogen-effusive Schichten; 2 – Chloritisierte Zone; 3 – Abschnitte mit bauwürdiger Vererzung.

Untersuchen wir die einzelnen Merkmale des Erzkörpers vom Gesichtspunkt ihrer Zusammenfaßbarkeit. Die morphologischen Daten des Erzkörpers verändern sich in den meisten Fällen allmählich, stetig, wenn auch nicht immer gesetzmäßig; sie lassen sich leicht miteinander in Einklang bringen. Solche stetig sich verändernden Werte sind z. B. die Lagerungsverhältnisse, die Mächtigkeit, die Querprofilflächen, die Umrisse der Erzkörper selbst (ihr Oberflächenrelief). Eine stetige, allmähliche Veränderlichkeit in den morphologischen Werten weisen Flöze, flözartige und sonstige konkordant lagernde Lagerstätten auf, ferner die Mehrzahl der Erzgänge sowie Stöcke, bei denen die äußeren Grenzen nach den Bemusterungsergebnissen gezogen werden. Bei allen aufgezählten morphologischen Typen können evtl. auftretende Schwierigkeiten bei der Zusammenfassung der Profile (Polyvariabilität) durch Verdichtung des Netzes der Erkundungsbaue überwunden werden. Am häufigsten entstehen solche Schwierigkeiten an der Peripherie der Körper, in den Bereichen des Auskeilens.

Es existiert jedoch eine andere morphologische Gruppe, bei der die Zusammenstellung der einzelnen Profile infolge jäher Veränderungen im Verhalten der Erzkörper praktisch (d. h. während der Erkundung) unmöglich ist. Hierzu gehören Vererzungen des nestförmigen Typs, viele Seifen, komplizierte Gänge, einige vererzte Zonen, die kleine linsenförmige oder gangförmige Körper von bauwürdiger Bedeutung einschließen; Vererzung seltener Metalle in Skarnzonen; einige glimmerhaltige pegmatitische Gesteinsgänge u. a. Zu derselben Gruppe müssen auch die Teile von Erzkörpern aller Typen gerechnet werden, die durch komplizierte (nach der Erzbildung entstandene) Bruchtektonik gestört sind.

Viele innere Eigenschaften der Erzkörper weisen eine jähe, ungesetzmäßige Veränderlichkeit auf, die einen unstetigen, sprungartigen Charakter trägt. Sie kennzeichnet vor allem die Verteilung vieler Metalle in endogenen Erzlagerstätten: Gold, Silber, Zinn, Molybdän, Wolfram, Nickel, Kobalt und anderer Elemente, deren Verteilung einen stochastischen Charakter trägt.

Somit gibt es neben den Merkmalen, die sich mehr oder weniger leicht in Einklang miteinander bringen lassen, eine Gruppe von Eigenschaften, deren Zusammenfassung unmöglich ist. Dieser Umstand bedingt die Existenz zweier Profiltypen, ,,verbundener" und ,,unabhängiger". Eine solche Gliederung ist natürlich; sie entspringt den geologischen Besonderheiten der Lagerstätten und ist nicht nur für die Anordnung der Erkundungsbaue, sondern auch für die Bestimmung der Dichte des Erkundungsnetzes von wesentlicher Bedeutung.

Methoden zur Zusammenfassung der Profile

Bei der Zusammenstellung der Profile wird gleichzeitig auch ihre gegenseitige Koordinierung durchgeführt. In einfachen Fällen genügt vollkommen ihre gemeinsame Betrachtung, in komplizierten ist das Auflegen der einen auf Transparentpapier ausgeführten Zeichnung auf die andere erforderlich. In einigen Fällen kann die geometrische Darstellung einzelner Eigenschaften (Zeichnung von Isolinien) eine wesentliche Hilfe sein, in anderen wieder die Zusammenstellung von Hilfsprofilen, die senkrecht zum Hauptprofil verlaufen.

Es kann auch eine als operative Modellierung der Lagerstätte bezeichnete Koordinierungsmethode vorgeschlagen werden. Sie besteht darin, daß die Profile auf Glasscheiben oder auf durchsichtigen Kunststofftafeln (Plexiglas) gezeichnet und bei entsprechender räumlicher Anordnung in Spezialgerüsten untergebracht werden. Nach einem solchen Modell kann sich der Geologe räumliche erschöpfende Vorstellungen machen, die stets vollständiger sein werden als bei Anwendung einer beliebigen anderen Koordinierungsmethode.

Ein weiteres Verfahren der operativen Modellierung kann vorgeschlagen werden. Es besteht in der Modellierung einzelner Aufschlüsse und ihrer koordinierten Anordnung im Raum (,,skalare" Modelle). Hierzu werden im gewählten Maßstab gezeichnete Bohrprofile rund um Holzstäbe oder Metallrohre geklebt. Letztere können entsprechend den durchgeführten Messungen der Abweichungen gebogen werden. Die Säulenprofile müssen so gezeichnet werden, daß auf der einen Seite der Stäbchen die lithologsichen Angaben und auf der anderen die Gehalte zu sehen sind.

Die Methode der operativen Modellierung kann sich bei der Erkundung morphologisch komplizierter Erzkörper sowie bei der Deutung von Lagerstätten mit verwickeltem Bau als unentbehrlich erweisen. Ihr Vorzug vor den Methoden der geometrischen Darstellung besteht in der größeren Anschaulichkeit und in der Möglichkeit, mehrere Eigenschaften des Erzkörpers auf einmal zu untersuchen.

Mit Bedauern muß festgestellt werden, daß die Modellierung der Lagerstätten in der Erkundungspraxis bis jetzt keine große Verbreitung gefunden hat; ihre Einführung ist in jeder Hinsicht zu fördern.

Der Einfluß der Qualität der Bohrarbeiten auf die Genauigkeit der Profile

Die Qualität der Profile (ihre Genauigkeit) steht in engem Zusammenhang mit der Qualität der niedergebrachten Bohrungen und hängt sowohl vom Grad ihrer Abweichung als auch vom Kerngewinn (beim Kernbohren) ab.

Die Abweichung der Bohrungen

Die Abweichung der Bohrungen wird bekanntlich durch den Zenit- und den Azimutwinkel der Abweichungen von der vorgegebenen Richtung bestimmt; daher unterscheidet man zenitale und azimutale Abweichung. Beide Abweichungsarten beeinflussen in verschiedener Weise und in verschiedenem Maße die Qualität der Erkundungsprofile.

Die zenitale Abweichung entstellt die Abmessungen, die Morphologie und den Lagerungscharakter des Erzkörpers; sie gibt auch die Lagerung der Nebengesteine verzerrt wieder. Bei geringen Teufen (bis zu 100 m) und einem richtigen Bohrregime ist die Größe des Fehlers im Normalfalle unbedeutend und kann vernachlässigt werden. Für Tiefbohrungen oder flachere Bohrungen bei Nichtbeachtung des nötigen technologischen Bohrregimes wird die Größe der zenitalen Abweichung bedeutend. Die Messung der zenitalen Bohrlochwinkel macht gewöhnlich keine großen Schwierigkeiten und gestattet, die notwendigen Berichtigungen recht genau in das Profil einzutragen. Auf diese Weise ist dieser Mangel leicht zu beheben.

Bedeutendere Schwierigkeiten entstehen bei der Konstruktion von Profilen durch azitumale Bohrlochabweichungen. Die Messung der azimutalen Bohrlochwinkel muß mit komplizierteren Geräten durchgeführt werden, die zudem noch im Vergleich zu den Messungen der zenitalen Winkel eine geringere Meßgenauigkeit ergeben. In dem am meisten verbreiteten Gerät von POLJAKOW wird ein Kompaß verwendet. Deshalb kann es bei der Erkundung von Erzkörpern, die magnetische Eigenschaften haben, nicht benutzt werden. Außerdem sind für Bohrungen kleinerer Durchmesser die entsprechenden Geräte noch nicht konstruiert. Bedeutende Schwierigkeiten entstehen auch bei Berichtigungen im Profil, die mit der azimutalen Abweichung der Bohrungen im Zusammenhang stehen. Bei der Zeichung der verschiedenen morphologischen Begrenzungen (des Hangenden und Liegenden des Erzkörpers, der Erzsortengrenzen u. a.) liefert die Anwendung des Isolinienverfahrens das genaueste Resultat. Zunächst werden im Flachriß die Isohypsen der zu erforschenden Oberfläche anhand der festgestellten Koordinaten der entsprechenden Punkte der azimutal eingemessenen Bohrungen eingetragen. Dann wird mit Hilfe dieser Isolinienkarte das Profil aus den Schnittpunkten der Isolinien mit der Profillinie konstruiert. Umrisse, die auf andere Weise ermittelt wurden, d. h. durch einfache Projektion der entsprechenden Punkte des azimutal abweichenden Bohrloches auf die Profilebene, tragen stets Entstellungen in das Profil hinein.

Somit kann die azimutale Abweichung für die einzelnen morphologischen Elemente noch durch die eine oder andere Methode berücksichtigt werden. Aber bedeutend schwieriger und in den meisten Fällen unmöglich ist es, im Profil die wahren Gehalte aus dem Verlauf der Achsen der abgewichenen, auf das Profil projizierten Bohrungen zu erhalten. Diese Gehalte werden zwar ebenfalls auf das Profil projiziert; aber im Grunde genommen ist das nicht zulässig, da der betreffende Teil des Profils seinen eigenen, für uns unbekannten Gehalt hat.

Die Konstruktion der Profile nach den Linien gleicher Gehalte gibt in den meisten Fällen keine genauen Resultate, weil man sie gewöhnlich unter Anwendung des „Glättens" zeichnen muß, wodurch die Größe des Gehalts in dem betreffenden Schnittpunkt des Erzkörpers mit dem Bohrloch (auf dem Flachriß) entstellt wird. Das Ziehen der Linien gleicher Gehalte ohne Anwendung des „Glättens" bildet eine Ausnahme und ist meistens nur bei einigen sedimentären Lagerstätten (mit einer gesetzmäßigen und stetigen Veränderung der Gehalte) möglich. In diesem Falle können genauere Ergebnisse erzielt werden.

Die azimutalen und zenitalen Abweichungen des Bohrlochs von der angeordneten Richtung wachsen proportional mit seiner Länge (Teufe). Wenn wir uns ein vertikales Bohrloch in einem physikalisch isotropen Medium vorstellen und versuchen, alle möglichen tatsächlichen Lagen seiner abgewichenen Achse zu konstruieren, so erhalten wir einen „Trichter von Abweichungen", dessen Form durch die Drehung eines Kreisbogens um eine vertikale Achse entsteht (bei tonnlägigen Bohrungen wird die Form des Abweichungstrichters etwas komplizierter). Die Radien der kreisförmigen Querschnitte des Abweichungstrichters geben sowohl die Größen der Abweichungen der Bohrlochachse von ihrer idealen Lage wieder als auch alle möglichen Richtungen dieser Abweichungen.

Die Größe der Querschnittsfläche des Abweichungstrichters, die man als Fläche der möglichen Abweichungen der Bohrlochachse bezeichnen kann, nimmt in direkter Abhängigkeit von der Länge (Teufe) des Bohrloches zu. Damit vergrößern sich zugleich auch die Fehler in der Darstellung der Profile und hier besonders die Gehaltsangaben. Die Genauigkeit der Profildarstellung vermindert sich somit in den tiefen Teilen. Sie kann, wie wir sahen, nur bei den morphologischen Teilen des Profils durch sorgfältige Messungen der azimutalen und zenitalen Abweichungen der Bohrlochachsen konstant erhalten werden.

Aber hier taucht noch ein Umstand auf, der ebenfalls die Genauigkeit der tiefen Teile der Profile beeinflußt. In großen Teufen können sich die Bohrungen in bedeutendem Maße einander nähern oder voneinander entfernen, wodurch die geplante Gleichmäßigkeit ihrer Lage gestört wird (Abb. 9). In Bereichen, in denen ihr Auseinandergehen zu beobachten ist, kann sie sogar eine Interpolation mit mehreren Varianten ergeben, die das Ansetzen zusätzlicher Bohrungen erfordert. Der Erkunder kann beim Ansetzen dieser Zusatzbohrungen jedoch nicht davon überzeugt sein, daß sie den Erzkörper an der angegebenen Stelle anfahren werden.

Die bedeutenden Werte der Bohrlochabweichungen in großen Teufen und die Unmöglichkeit, sie vollständig zu berücksichtigen (z. B. bei der Erkundung von Magnetitlagern oder bei einem geringen Durchmesser der Bohrungen), führten zu dem Schluß, daß es unzweckmäßig ist, die Erkundung tiefliegender Horizonte steileinfallender Erzkörper bis zu hohen Vorratsklassen[5]) vorzunehmen. Dies stimmt mit den Forderungen der Projektierungsorganisationen überein. In allgemeinerer Form kann man diesen Gedanken als Prinzip einer mit der Tiefe fortschreitenden Verminderung der Dichte des Erkundungsnetzes formulieren. Dieses Prinzip interessiert vom Gesichtspunkt der Erkundungskosten und noch mehr vom Gesichtspunkt einer Beschleunigung der Erkundung — einer Verkürzung der Fristen für die Übergabe der erkundeten Objekte zur industriellen Nutzung.

Der Kerngewinn

Die Vollständigkeit des Bohrkerngewinns bestimmt nicht nur die Zuverlässigkeit der Bohrproben; sie beeinflußt auch die Genauigkeit der Mächtigkeitsbestimmung des Erzkörpers und damit schließlich die Feststellung seiner Morphologie. Untersuchen wir diese beiden Fragen getrennt.

Die Zuverlässigkeit der Proben aus Kernbohrungen hängt nicht nur vom Kerngewinn, sondern auch vom

[5]) Diesen Gesichtspunkt äußern viele Sachverständige der GKS, insbesondere I. S. BURDJUGOW, der Verfasser u. a.

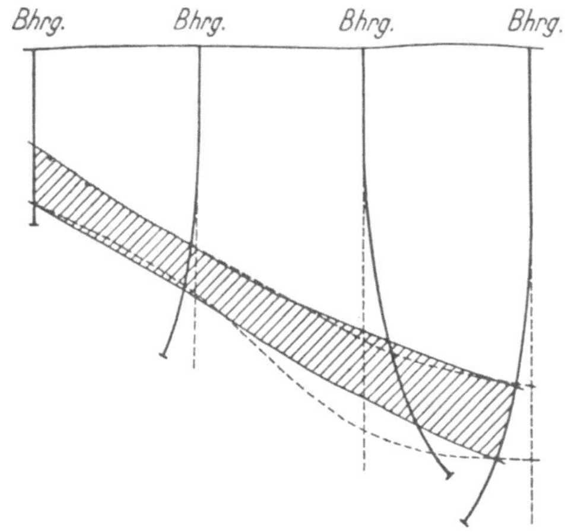

Abb. 9. Ungleichmäßige Lage der Schnittpunkte des Erzkörpers mit den Bohrlöchern in den tiefliegenden Horizonten infolge Bohrlochabweichung; mit ausgezogenen Linien sind die tatsächlich niedergebrachten Bohrungen angegeben; der Umriß des nach den Ergebnissen dieser Bohrungen dargestellten Erzkörpers ist schraffiert; mit gestrichelter Linie ist die Lage der Bohrungen ohne Berücksichtigung der tatsächlichen Abweichung und der nach diesen Bohrungen dargestellte Erzkörper angegeben.

Vorhandensein oder dem Fehlen eines selektiven Abriebs ab. Dieser hat in jedem Falle einen systematischen (eindeutigen) Bemusterungsfehler zur Folge. Schleifen sich die erzhaltigen Minerale ab, so enthält die Kernprobe einen systematischen Fehler; wenn sich die erzfreien (Gang-) Minerale abreiben, so nimmt der Fehler im Gegensatz hierzu einen positiven Charakter an. Die relative Größe des systematischen Fehlers kann sehr bedeutend sein; er ist besonders spürbar bei Erzkörpern mit niedrigem Gehalt an nutzbarer Komponente.

In Erzen mit massiger, gleichmäßig eingesprengter und ähnlicher Textur findet ein selektiver Abrieb gewöhnlich nicht statt. Er macht sich aber an Erzen mit gebänderten, lagigen, relikt-lagigen und ähnlichen Texturen bemerkbar, in denen das gesuchte Material ungleichmäßig verteilt ist. Besonders gefährlich ist der selektive Abrieb für Erze seltener Bunt- und Edelmetalle, die Trümerstruktur haben (Stöcke und Erzgänge). Namentlich aus diesem Grunde empfiehlt es sich, den betreffenden Lagerstättentyp mit Hilfe des Seilschlagbohrverfahrens zu erkunden, das die zuverlässigste Probenahme gewährleistet.

Die Bemusterung des Schlammes erhöht nicht immer die Genauigkeit der nach den Bohrkernen errechneten Gehalte; verhältnismäßig gute Resultate kann sie nur für massige, derbe (sulfidische) Erze liefern. In allen übrigen Fällen ergibt der Schlamm gewöhnlich unverhältnismäßig überhöhte Gehalte, und zwar deshalb, weil ein bedeutender Teil der Minerale mit geringem spezifischem Gewicht (Quarz, Karbonate, Sericit u. a.) in der Bohrtrübe abgeht und dadurch der Schlamm im Kernrohr mit schweren (erzhaltigen) Mineralen angereichert wird.

Von diesem Gesichtspunkt aus kann man verschiedene Zuverlässigkeitsgrade der Bohrproben und der aus ihnen ermittelten Gehalte unterscheiden.

1. Völlig zuverlässige Gehalte, die keinen systematischen Fehler aufweisen: a) Bohrkernproben bei vollem oder solchem Kerngewinn, der sich in zulässigen Grenzen bewegt; selektiver Abrieb fehlt; Bemusterung des Schlammes nicht unbedingt erforderlich; b) Proben aus Seilschlagbohrungen mit vollständiger Gewinnung des Bohrschlammes.

2. Nicht ganz zuverlässig sind die Gehalte der Bohrkernproben, in denen ein geringer systematischer Fehler bei der Bemusterung infolge ungenügenden Kerngewinns oder infolge Vorhandenseins eines selektiven Abriebs bei ausreichendem Kerngewinn möglich ist; bemustert wurden Kern, Schlamm und Bohrtrübe.

3. Die Gehalte sind unzuverlässig: a) beim Bohren mit niedrigem Kerngewinn oder bei Vorhandensein selektiven Abriebs, wenn der Schlamm nicht bemustert wurde; b) beim Seilschlagbohren mit unvollständiger Gewinnung des Schlammes infolge Verlustes in Rissen der Bohrlochwandung.

Der Einfluß des Kerngewinns auf die Bestimmung der Grenzen und der Mächtigkeit des Erzkörpers hängt sowohl vom Charakter der Grenzen des Erzkörpers zu den Nebengesteinen als auch von seiner Mächtigkeit ab.

Sind keine deutlichen Grenzen vorhanden und werden diese bedingt auf der Grundlage der Bemusterungsunterlagen und der angenommenen Konditionen aufgetragen, so bezieht sich alles oben Gesagte auch auf diesen Fall, allerdings nur auf die Randproben, nach denen die Umgrenzung (auch der Sorten) durchgeführt wird. Die hiermit verbundene Ungenauigkeit der Grenzziehung ist für mächtige Lager unbedeutend, nimmt für weniger mächtige jedoch zu.

Sind die Grenzen des Erzkörpers eindeutig, so erschwert ein ungenügender Kerngewinn naturgemäß die Bestimmungen ihrer genauen Lage im Bohrloch und folglich auch der Mächtigkeit des Erzkörpers. Diese Schwierigkeit kann mit Hilfe verschiedener Arten elektrischer Bohrlochmessung überwunden werden. Bringt die elektrische Bohrlochmessung keine überzeugenden Ergebnisse oder wurde sie überhaupt nicht durchgeführt, so ergeben sich unausweichlich Fehler in der Lagebestimmung der Grenzen des Erzkörpers im Bohrloch und in der Bestimmung seiner Mächtigkeit. Die Bestimmung der letzteren ist am häufigsten von systematischen Fehlern begleitet. Die relative Größe der Fehler ist unwesentlich für mächtige Lager, kann aber für geringmächtige Erzkörper, z. B. Gänge, eine große Bedeutung erreichen.

Die Genauigkeit der Profile

Die von uns durchgeführte Analyse der Faktoren, die die Qualität der Erkundungsprofile beeinflussen, gestattet es, einige allgemeine Schlüsse zu ziehen. Wie aus dem Dargelegten ersichtlich ist, wird die Genauigkeit der Profile von einer recht großen Anzahl verschiedenartiger Faktoren beeinflußt. Durch ihre gemeinsame Einwirkung erhalten die Profile eine unterschiedliche Genauigkeit. Dieser Umstand verdient eine bessere Betrachtung, da jetzt die Möglichkeit besteht, diese Frage zu konkretisieren.

Zunächst lenken zwei voneinander fast unabhängige Gruppen von Faktoren die Aufmerksamkeit auf sich. Die erste Gruppe steht mit den Methoden der Profildarstellung (Interpolation, Extrapolation u. a.) in Zusammenhang. Die Darstellungsmethoden sind aber ihrerseits abhängig von der Art und dem Grad der Ausführlichkeit der Erkundungsarbeiten. Letztere werden fast vollständig von den geologischen Besonderheiten der Lagerstätte und des Erzkörpers, besonders vom Grad der Kompliziertheit der Morphologie und den inneren Eigenschaften des Erzkörpers bestimmt. Deshalb kann man, wenn man von der durch diese Faktorengruppe bedingten Genauigkeit der Profile spricht, den Begriff der „geologischen Genauigkeit" der Profile als einen Bestandteil der Gesamtgenauigkeit einführen.

Die zweite Gruppe der die Genauigkeit der Profile beeinflussenden Faktoren steht mit der Art der Erkundungstechnik (bergmännische Arbeiten, Bohrarbeiten verschiedener Art) und mit der Qualität der angelegten Erkundungsaufschlüsse (genauer gesagt, den Bohrungen) in Zusammenhang. Diese Gruppe ist auch teilweise mit den geologischen Verhältnissen verbunden, hängt aber in bedeutendem Maße ebenso vom gegenwärtigen Stand der Erkundungstechnik sowie vom „Personalfaktor" — der Qualität des Erkundungspersonals — ab. Deshalb kann man die mit der zweiten Faktorengruppe in Zusammenhang stehende Genauigkeit der Profile bedingt als „Erkundungsgenauigkeit" bezeichnen. Das ist keine ganz glückliche Bezeichnung, da sie den in sie hineingelegten Gehalt nicht völlig widerspiegelt. Aber sie ergänzt die „geologische Genauigkeit" gut und gestattet die Einführung des Begriffs von der allgemeinen „geologischen Erkundungsgenauigkeit" der Profile.

Bevor wir die „geologische" und die „Erkundungs"-Genauigkeit der Profile einzeln ausführlich betrachten, müssen wir eine sehr wesentliche Bemerkung über den Inhalt der Profile von Erzkörpern im allgemeinen machen. Diese Bemerkung betrifft die spezifischen Besonderheiten einzelner Eigenschaften der Erzkörper: Einerseits die Morphologie, andererseits den Gehalt an nutzbaren und schädlichen Komponenten, die spezifischen und Raumgewichte und andere innere Parameter der Erzkörper.

Eine allgemeine Besonderheit der Morphologie der meisten Erzkörper ist der fließende Verlauf ihrer Umrisse. Die Umrisse (und die Mächtigkeiten) können sich gesetzmäßig oder ungesetzmäßig verändern, jedoch fast stets von Punkt zu Punkt stetig und ununterbrochen. Die gleichen Eigenschaften können auch die Umrisse von Erzkörpern besitzen, die keine scharfen natürlichen Grenzen, sondern nach den Unterlagen der Probenahme gezogene haben (bedingte Umrisse).

Alle sich stetig und ununterbrochen verändernden Eigenschaften der Erzkörper können auf dem Profil (und auf einer beliebigen Zeichnung) durch wellenförmige oder gerade Linien dargestellt werden, die die ihnen entsprechenden Flächen umgrenzen. Beiläufig kann bemerkt werden, daß die verschiedenen Bruchstörungen auf dem Profil ebenfalls durch ununterbrochene Linien dargestellt werden.

Die andere Gruppe der Eigenschaften — die inneren Parameter des Erzkörpers — kann, wie wir oben sahen, auf den Profilen nicht immer dargestellt werden, weil ihre Veränderlichkeit von anderer Art ist. Sie trägt einen unstetigen, sprunghaften Charakter, der es nicht gestattet, eine Interpolation, Extrapolation oder andere direkte Verfahren der Profildarstellung anzuwenden. Für eine Veränderlichkeit dieser Art muß das Zwischenverfahren des „Ausgleichens" angewandt werden, dessen grundsätzlicher Mangel darin besteht, daß dadurch die tatsächlichen, gebrochenen Kurven der Erzverteilung in eine nicht existierende stetige verändert werden. Aus diesem Grunde können nicht für alle Erzkörper die Umrisse der Erzsorten festgestellt werden.

Somit geben die meisten Profile die Morphologie der Erzkörper mit der Struktur und der Zusammensetzung der Nebengesteine der Lagerstätte wieder. Von diesen Profilen wird nachfolgend die Rede sein.

Die geologische Genauigkeit der Profile

In der Erkundungsliteratur wird weitgehend der Begriff der mathematischen Genauigkeit angewandt, die in Zahlen ausgedrückt wird und nur die mathematischen Werte (Zahlen- und geometrische Werte) kennzeichnet.

Die geologische Genauigkeit durch eine Zahl auszudrücken, ist fast unmöglich, da sie mit Faktoren zusammenhängt, wie Lagerungscharakter, Morphologie des Erzkörpers, Struktur der Nebengesteine usw. Der Versuch, die geologische Genauigkeit zahlenmäßig auszudrücken, begegnet sehr großen Schwierigkeiten, die wir hier nicht aufzählen, weil wir einen anderen Weg vorschlagen wollen.

Zur Bestimmung der geologischen Genauigkeit der Profile kann eine vergleichende Methode angewandt werden, die es gestattet, keine absoluten, sondern relative Genauigkeitswerte (Verhältnis gewisser Profile zu anderen) zu erhalten. Zu diesem Zweck ist eine bestimmte Skala der relativen geologischen Genauigkeit der Profile erforderlich, deren Aufstellung nach der vorstehend durchgeführten Analyse nicht schwierig ist.

Als Kriterien für die geologische Genauigkeit der Profile können dienen:

1) die verwendete Darstellungsmethode für die Profile (unmittelbare Umgrenzung, Interpolation oder Extrapolation);

2) die Art der Interpolation und Extrapolation;

3) das Vorhandensein oder Fehlen von Teilen der Polyvariabilität bei der Koordinierung benachbarter Aufschlüsse.

Nachstehend wird eine vom Verfasser aufgestellte Skala der relativen geologischen Genauigkeit der Erkundungsprofile wiedergegeben:

Skala der relativen geologischen Genauigkeit der Profile

Genauigkeitsgrad	Charakteristik der Profile oder einzelner Teile derselben
I	Profile, die auf Grund einer ununterbrochenen und unmittelbaren Verfolgung der Begrenzungen der Erzkörper konstruiert wurden.
II	Profile, die mit Hilfe eindeutiger geologischer Interpolation konstruiert wurden.
III	Profile, die mit Hilfe eindeutiger geradliniger Interpolation konstruiert wurden.
IV	Profile, die mit Hilfe eindeutiger doppelter Interpolation konstruiert wurden. (Ableitungsprofile.)
V	Profile, die Elemente einer polyvariablen Interpolation enthalten.
VI	Abgeleitete Profile, die mit Hilfe der doppelten Interpolation konstruiert wurden; die Koordinierung der Daten der Ausgangsprofile kann nach verschiedenen Varianten erfolgen.
VII	Profile, in die infolge der Unmöglichkeit ihrer Koordinierung nur die Profile der Aufschlüsse eingetragen wurden.
VIII	Profile, die nach Methoden der begrenzten Extrapolation konstruiert wurden.
IX	Profile, die nach Methoden der unbegrenzten Extrapolation konstruiert wurden.

In der aufgeführten Skala fanden nur morphologische Elemente des Erzkörpers Aufnahme, die auf den Profilen in Form verschiedener Umrisse gezeichnet werden, wobei hier auch solche Umrisse einbezogen werden können, die auf Grund von Bemusterungsunterlagen des Erzkörpers (mit den weiter oben gemachten Vorbehalten) gezogen werden. Was die Gehalte der Komponenten betrifft, so werden sie nur als Zahlen in die Profile eingesetzt, nicht aber als Linien, weil sie keine volumetrischen oder Flächengrößen sind. Das ist eine besondere Eigenschaft der Erzkörper.

ZEITSCHRIFT FÜR ANGEWANDTE GEOLOGIE

CHEFREDAKTEUR: PROF. DR. E. LANGE

BAND 4 · 1958 · HEFT 1 BIS 12

INHALTSVERZEICHNIS

Artikel ohne Verfasserangabe

Geologie, Paläontologie

Mineralogie, Petrographie, Geochemie, Lagerstättenkunde, Bergbau

Geophysik

Ingenieurgeologie, Hydrogeologie, Bodengeologie

Methodik der Erkundung

Vorratsberechnung

Heft Nr. Seite

Technik

Wirtschaftliches

Wissenschaftliche Tagungen

Sonstiges

Lesesteine

Besprechungen und Referate

Nachrichten und Informationen

Die Erkundungsgenauigkeit der Profile

Analog dem Vorhergehenden können wir auch hier eine vergleichende Methode anwenden, die die Möglichkeit gibt, keine absolute, sondern eine relative Vorstellung von der Genauigkeit der Profile zu gewinnen, welche von der gewählten Erkundungstechnik und von der Qualität der Bohrarbeiten abhängt. Über die Qualität der bergbaulichen Arbeiten vom Gesichtspunkt der Erkundung zu sprechen, ist natürlich überflüssig, da ein beliebiger bergmännischer Aufschluß, wenn er der Geologie der Lagerstätte und den Anforderungen der Erkundung entsprechend angelegt wurde, dem Geologen gestattet, unmittelbar in den Erzkörper einzudringen und eine beliebige Anzahl Messungen und Beobachtungen durchzuführen. Bergmännische Aufschlüsse gestatten, in jedem günstigen Fall eine ununterbrochene Umgrenzung des Erzkörpers vorzunehmen.

Auf Grund der obigen Analyse der Bohrarbeiten kann man eine Skala der relativen Erkundungsgenauigkeit der Profile in folgender Form aufstellen:

Skala der relativen Erkundungsgenauigkeit der Profile

Genauigkeitsstufe	Charakteristik der Profile oder einzelner Teile derselben
1.	Profile, die auf der Grundlage bergmännischer Aufschlüsse konstruiert wurden, welche den Querschnitt des Erzkörpers vollständig erfassen.
2.	Profile, die auf der Grundlage bergmännischer Aufschlüsse konstruiert wurden, welche die ganze Mächtigkeit des Erzkörpers er schließen (Örter u. dgl.). Profile, die nach nicht abgewichenen Bohrlöchern mit vollem Kerngewinn konstruiert wurden.
3.	Profile unter Berücksichtigung der zenitalen und azimutalen Bohrlochabweichung; elektrische Bohrlochmessungen wurden für das Profil durchgeführt, brachten positive Ergebnisse und gestatten die Bestimmung der wahren Mächtigkeit des Erzkörpers.
4.	Profile, die nach wesentlich abgewichenen Bohrungen mit unvollständigem Kerngewinn konstruiert wurden; berücksichtigt wurde nur die zenitale Abweichung. Messungen der azimutalen Abweichung oder elektrische Bohrlochmessungen, oder das eine und das andere wurden nicht durchgeführt. Elektrische Bohrlochmessungen wurden durchgeführt, gaben aber keine positiven Resultate.
5.	Profile, die nach wesentlich abgewichenen Bohrungen mit unvollständigem Kerngewinn konstruiert wurden; Messungen der Abweichungen und elektrische Bohrlochmessungen wurden nicht durchgeführt.

Die vorgeschlagene Skala der Erkundungsgenauigkeit kann nach Wunsch noch mehr detailliert werden. Man kann z. B. zusätzliche Verbindungen nicht gemessener Bohrlochcharakteristiken einführen: der azimutalen Abweichung und der elektrischen Bohrlochmessung, die in unserer Skala in einer Gruppe (der vierten) untergebracht sind. Der Verfasser hat dies deshalb nicht getan, weil die „Nichtberücksichtigung" eines beliebigen Faktors in gleicher Weise eine Entstellung des Profils nach sich zieht. In der vorliegenden Skala ist nur eine Kombination (in der dritten Gruppe) berücksichtigt worden, der man in der Praxis am häufigsten begegnet: gemessen wurden nur die zenitalen Abweichungen; die azimutalen Abweichungen und elektrischen Bohrlochmessungen blieben unberücksichtigt.

Die Gesamtgenauigkeit der Profile

Die Anwendung beider Genauigkeitsskalen ermöglicht uns, eine Vorstellung von der gesamten, der „geologischen Erkundungs"-Genauigkeit der Profile zu gewinnen. Das bedeutet aber nicht, daß beide Skalen zu einer verschmolzen und eine neue daraus geschaffen werden muß. Das darf deshalb nicht getan werden, weil die geologische und die Erkundungsskala nicht kommensurabel sind, obwohl sie eine Einheit bilden. Sie sind, wie wir oben sahen, durch verschiedene, dabei voneinander unabhängige Ursachen verbunden. Deshalb wäre eine Verschmelzung der Skalen zu einer offenbar keine organische, sondern eine mechanische mit allen daraus entstehenden Folgen und Unbequemlichkeiten, wie z. B. dem Auftauchen einer zahllosen Menge von Kombinationen.

Somit ist festzustellen, daß die Genauigkeit der Erkundungsprofile doppelten Charakter hat, der einerseits von den natürlichen geologischen Verhältnissen, andererseits von der Technik und der Qualität der Erkundung abhängig ist. Technik und Qualität der Erkundung können wir ändern und in Anpassung an die natürlichen geologischen Verhältnisse und Forderungen unserer Volkswirtschaft vervollkommnen. Die geologischen Lagerungsverhältnisse der Erzkörper können wir jedoch nicht verändern.

Berücksichtigen wir den zwiefachen Genauigkeitscharakter der Erkundungsprofile, so müssen wir auch ihre Gesamtbewertung nach zwei Kennwerten vornehmen, die den Stufen der geologischen und Erkundungsgenauigkeit entsprechen. Zur bequemeren Schreibweise der Gesamtbewertung der Profile sind die Genauigkeitsstufen in der ersten Skala mit römischen, in der zweiten mit arabischen Ziffern bezeichnet. Sie können durch Bindestrich verbunden werden: II-3, VII-5 usw.

Zu einigen Kombinationen der Genauigkeitsstufen müssen besondere Bemerkungen gemacht werden.

Mit der ersten Stufe der „geologischen Genauigkeit" kann nur die erste Stufe der „Erkundungsgenauigkeit" (Kombination I-1) verbunden werden, was verständlich ist und keiner Erklärung bedarf.

Mit den Stufen II—VIII der „geologischen Genauigkeit" können sich beliebige Stufen (von der zweiten bis zur fünften) der „Erkundungsgenauigkeit" verbinden.

Die Stufe IX der „geologischen Genauigkeit" kann man überhaupt nicht mit den Stufen der Erkundungsgenauigkeit verbinden, da die unbegrenzte Extrapolation ein völliges Fehlen jeglicher Aufschlüsse außerhalb des erkundeten Areals voraussetzt.

Schlußfolgerungen

Die von uns angenommene vergleichende Methode zur Beurteilung der relativen Genauigkeit der Profile und die Skala der Genauigkeitsstufen können wesentliche praktische Bedeutung haben. Die Skala der „geologischen Genauigkeit" z. B. kann zur Lösung der Frage der Anordnungsdichte der Erkundungsaufschlüsse angewandt werden. Erhöhen wir die Dichte, so erhöhen wir die Genauigkeit der Profile. Die Extrapolation wird durch die Interpolation ersetzt; die Notwendigkeit, mehrere Varianten zur Koordinierung benachbarter Aufschlüsse heranzuziehen, vermindert sich und verschwindet sogar gänzlich. Die Genauigkeit des Profils erhöht sich unentwegt und kann bis zum erstrebten Grad erfolgen. Die Genauigkeit der Profile beeinflußt in direkter Weise die Zuverlässigkeit der Vorratsberechnung.

Die Skala der „Erkundungsgenauigkeit" kann neben ihrer direkten Beziehung zur Beurteilung der Genauigkeit der Profile zur operativen Qualitätsbeurteilung der in der Lagerstätte vorgenommenen Bohrarbeiten, unabhängig von den übrigen Funktionen der Erkundung (Vorratsberechnung u. dgl.), angewandt werden.

Beide Skalen können auch der Staatlichen Vorratskommission für nutzbare Bodenschätze (GKS) bei der Beurteilung des zur Bestätigung vorgelegten, die Vorratsberechnung betreffenden Unterlagenmaterials von

Nutzen sein. In die Berechnungsprofile werden gewöhnlich die Grenzen für die Zuverlässigkeit der Vorräte (Einteilung nach Vorratsklassen) eingetragen. Die vorgeschlagenen Skalen werden dazu beitragen, die Umgrenzung der Vorratsklassen wesentlich konkreter durchzuführen und die üblichen Diskussionen zu diesem Thema zu beseitigen.

Damit entsteht die Möglichkeit, eine in stärkerem Maße wissenschaftlich begründete und vollkommenere Vorratsklassifikation zu schaffen. Eine ausführliche Betrachtung dieses Problems stellt einen Gegenstand spezieller Untersuchung dar. Hier beschränken wir uns nur darauf, diese Frage anzudeuten.

Die Skalen der geologischen und der Erkundungsgenauigkeit sind möglicherweise in der vorgeschlagenen Variante nicht frei von einigen Mängeln; die nächste Aufgabe des Verfassers ist deren Beseitigung unter Berücksichtigung der Kritik der Leser.

Erkundung von Kieslagerstätten im mitteldeutschen Raum

JOHANNES POMPER & RALF RUSKE

1. Vorbemerkung

Die ständig wachsende Bautätigkeit und die Umstellung der Bauindustrie auf Betonfertigteile erfordern Kies- bzw. Kiessandlagerstätten von normengerechter Qualität. Wenn Betonkiese bzw. Betonkiessande nicht zum empfindlichen Engpaß werden sollen, müssen in den nächsten Jahren ständig geeignete Lagerstätten größeren Ausmaßes erkundet und der Industrie übergeben werden. Den Geologischen Diensten der StGK wird daher z. Z. von den Projektanten die Aufgabe gestellt, Betonkies- bzw. -kiessandlagerstätten über der Millionen-Kubikmeter-Grenze nachzuweisen, die den Anforderungen der Betonindustrie gewinnungs-, transport- und qualitätsmäßig entsprechen. Lagerstätten von geeigneten Kiesen bzw. Kiessanden in den Ausmaßen von 4—5 Mio m^3 sind keine Zufallsfunde. Großlagerstätten für die Erweiterung bestehender Betonwerke oder für neue Großproduktionsstätten der Betonindustrie müssen systematisch unter Auswertung aller bisher gesammelten Erfahrungen erkundet werden. Diese liegen vor, so daß sich zumindest für mitteldeutsche Verhältnisse deutliche Perspektiven für die Methodik des Erkundungsvorgehens abzeichnen.

2. Übersicht der Kiessandbildungen des Mitteldeutschen Raumes

Die Erkundungserfahrungen der letzten Jahre gestatten es, die für die Betonindustrie wichtigen Vorkommen geologisch und nutzungstechnisch in gewisse Lagerstättentypen einzuteilen. Die nachfolgende grobe tabellarische Zusammenstellung gibt einen ersten Überblick über die Betonkies- bzw. -kiessandlagerstätten in Mitteldeutschland und ihres nutzungstechnischen Wertes.

In Spalte 8 der Tabelle 1 sind unter Angabe von Nummern die den Verfassern bekannten Beispielbetriebe vermerkt, die den Nummern in der Übersichtskarte (Abb. 1) entsprechen. In der Übersichtskarte sind außerdem noch nicht erschlossene, jedoch erkundete Lagerstätten durch Nummern gekennzeichnet, die in der Tabelle 1 unter der Spalte 8 der Beispielbetriebe als solche nicht erwähnt werden konnten. Diese Lagerstätten sind:

In Flußniederungen	Dessau-Roßlau (4)
	Wittenberg-Pratau (5)
	Kemberg (6)
In Terrassenschottern der pleistozänen Flüsse	Wörbzig (11)
	Gröbzig (14)
	Reuden b. Bitterfeld (15)

3. Einzelbeschreibungen der Lagerstätten

Rezente Flußbettkiese: Hierunter sind solche Flußbettkiese zu verstehen, die in den heutigen Flüssen abgelagert werden. Sie treten oft in Bänken im Flußbett auf, die bei Niedrigwasser wenig über den Wasserspiegel als langgestreckte kleine Inseln herausragen.

Die rezenten Flußbettkiese werden bisher regelmäßig nur durch das Betonwerk Laußig bei Düben (1) genutzt. Das Werk produziert seit Jahren Schleuderbetonrohre von 1 m lichtem Durchmesser, z. Zt. vornehmlich für das Großprojekt Wasserverband Elbaue. (Abb. 3). Das Werk gewinnt seine Kiese aus dem Muldebett durch einen Schrapper am Kabelkran (Abb. 2), der das Kiesmaterial aus dem Wasser in eine Siebanlage fördert.

Dort findet eine sofortige Fraktionierung der Kiese in bestimmte Körnungen statt. Die Lagerstätte selbst ist das heutige Muldebett. Nach den bisherigen Erfahrungen füllt die Mulde die ausgeschrapperten Kiese immer wieder durch neue Akkumulation auf. Man kann von einer sich nie erschöpfenden Lagerstätte sprechen. Bisher wurden maximal pro Jahr 40000 m^3 Kies aus dem Muldebett gefördert. Es ist Vorsorge getragen, die Muldebettkiese durch zusätzliche Kiessande aus der pleistozänen Terrasse, auf welcher das Werk selbst steht, zu strecken.

Im Muldebett bei Eilenburg (2) ist durch einen Schwimmbagger zeitweilig eine Gewinnung ähnlicher Art, wohl für die örtliche Bautätigkeit, durchgeführt worden (Abb. 4).

Wahrscheinlich sind im Mittellauf der Mulde noch weitere Möglichkeiten einer ähnlichen Gewinnung hochwertigen Betonzuschlagmaterials vorhanden.

Kiessande der Flußniederungen: Diese Ablagerungen, die unsere größeren Flüsse begleiten, erreichen oft eine Mächtigkeit von 10—12 m. Altersmäßig gehören sie nach GRAHMANN (Das Flußgebiet der Elbe, Berlin 1931) ins Atlantikum. Sie sind häufig ausgezeichnete Betonkiessande und begleiten auf viele Kilometer Länge die Läufe der Elbe, Mulde, Elster und Saale. Sie geben bei einer systematischen Erkundung am ehesten die Möglichkeit, Lagerstätten von größerer Ausdehnung aufzufinden. Jedoch sind sie nicht überall bauwürdig. Einmal wechseln sandreiche Partien mit kiesreicheren ab und zum anderen befinden sich in den Flußauen oft alte verlandete Wasserläufe, in denen der Schlick mehrere Meter mächtig werden kann. Doch sind in den Mittelläufen der Mulde, Saale und Elbe entweder durch Bohrungen von Wasserwerken oder durch Kiesgewinnungsanlagen gute Kiessandlagerstätten bekannt.

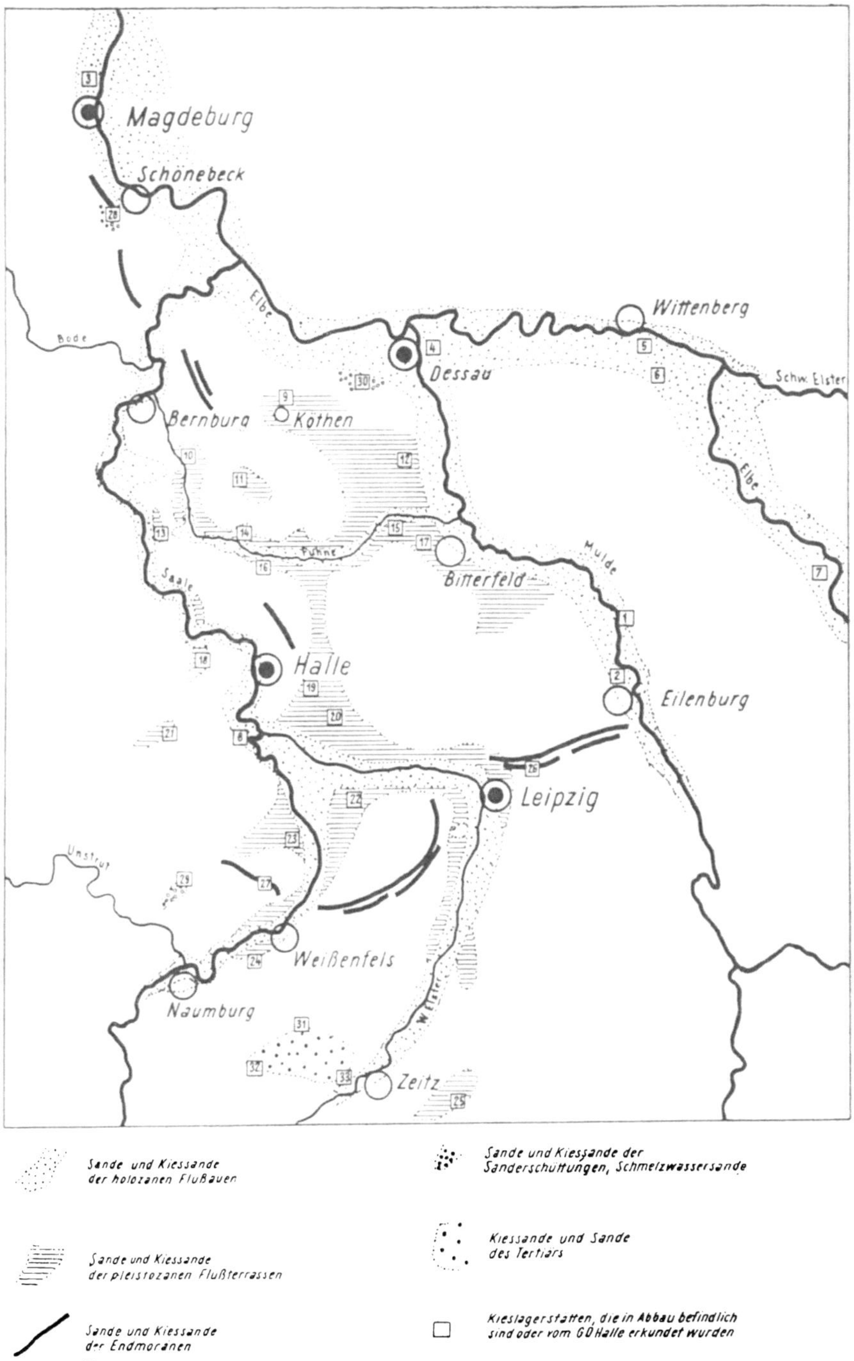

Abb. 1. Übersicht der Bildungsräume von Kies- bzw. Kiessanden im mitteldeutschen Gebiet, 1:900000, die für die weitere Lagerstättenerkundung von Bedeutung sind

In der Elbaue westlich Magdeburg—Rothensee (3) werden seit Jahren holozäne Elbkiese abgebaut, die durchschnittlich 8 m mächtig sind (Abb. 5).

Durch eine Neuerkundung Anfang 1958 konnte dem Betrieb eine neue Lagerstätte nachgewiesen werden, die bei einer geplanten Jahresproduktion von rd. 100000 m³ mehrere Jahrzehnte reichen wird. Durch zahlreiche Flachbohrungen wurde das folgende Durchschnittsprofil ermittelt:

1,0—1,8 m Aulehm
1,5—2 m graubraune Mittel- bis Grobsande
7 —8 m Kiessande und feinkiesige Grobsande mit vereinzelten Grobkieslagen.

Der Vollständigkeit halber sei erwähnt, daß als Liegendes in einer Bohrung bei rd. 11 m Teufe oligozäner Grünsand angetroffen wurde. In anderen Bohrungen bildet das Liegende eine grünlichgraue Grauwacke (Unterkarbon).

Die Auswertung der Bohrungen ergab, daß die Sande und Kiessande nicht gleichmäßig über die Lagerstätte verteilt sind, so daß sich der Wert der Lagerstätte für die Bauindustrie im abgebohrten Gebiet ändert (Abb. 6).

Es sind neben den bekannten noch folgende Standorte der industriellen Kiessandproduktion in der Elbeniederung zu nennen: Torgau (7), Zerben bei Burg, in der Saaleniederung Rathmannsdorf bei Halle (8). Das sind bei der großen regionalen Ausdehnung der höffigen Flußniederungen (s. Übersichtskarte Abb. 1) erstaunlich wenig. Durch zahlreiche Wasserbohrungen ist bekannt, daß an vielen Stellen gute Kiessande in Mächtigkeiten über 8 m vorhanden sind. Der Gründe, warum sich bisher nicht noch weitere Kiesgewinnungsbetriebe in den Flußniederungen entwickelten, sind mehrere:

1. Meist sind die Flußniederungen hochwassergefährdet.
2. Auch außerhalb der Deiche im hochwasserfreien Gebiet gestattet der hohe Grundwasserstand der Flußniederungen (meist 1—2 m unter Niederungsniveau) nur eine Gewinnung aus dem Wasser durch Kiespumpe auf einem schwimmenden Pumpenhaus, von dem aus durch Rohrleitung das geförderte Material (50% Wasser, 50% Kiessand) in eine Grube geleitet werden muß, um von dort aus durch Bagger oder Schrapper wiederum heraufgefördert zu werden. (s. Abb. 5).
3. Die oft nicht durch Bahnstrang oder gute Straßen erschlossenen Flußniederungen sind größtenteils transporttechnisch ungünstig gelegen.

Diese drei Gründe mögen bisher die Industrie davon abgehalten haben, die bedeutenden Möglichkeiten, gute Kiese zu gewinnen, auszunutzen. Die Erkundung von Kiessandlagerstätten in Flußniederungen wird daher

Tabelle 1. Kies- bzw. Kiessandlagerstätten des mitteldeutschen Raumes, grob typisiert

Geolog. Bezeichnung	Geolog. Alter	Entsteh.-weise	Lagerungsverhältnisse	Vorteile	Nachteile	Möglichkeiten der Gewinnung	Beispiel-Betriebe
1	2	3	4	5	6	7	8
1. Rezente Flußbettkiese	Holozän	fluviatil	Kiesbänke im Fluß	Wiederauffüllung der Vorräte zu Hochwasserzeiten	Einstellung der Gewinnung bei starkem Frost	durch Schrapper aus dem Fluß	Laußig b/Düben Mulde (1); Eilenburg (2)
2. Kiessande der Flußniederungen	Holozän	fluviatil	Unter 1–3 m Auelehmdecke folgen bis 12 m mächtige Kiessande und Sande, die im Grundwasser stehen	Durch Förderung aus dem Wasser werden Kiessande vorgewaschen	Häufiges Verzahnen kiesreicher und kiesarmer Partien. Gelegentlich hoher Gehalt an huminsauren Verbindungen. Saisonbedingter Abbau. Bei Hochwasser und während der Frostperiode oft kein Abbau möglich	durch Kiespumpe oder Eimerleiterbagger aus dem Wasser	Rothensee b/Magdeburg (3); Zerben b/Burg; Rathmannsdorf b/Halle (8); Torgau (7)
3. Terrassenschotter der Elbe, Mulde, Elster, Saale, Salzke, Unstrut	Pleistozän	fluviatil	Unter saaleeiszeitl. Grundmoräne u. Schmelzwassersanden in 5–12 m Mächtigkeit als Kiessande bzw. Sande ausgebildet. Mitunter enthalten sie schluffige Einlagerungen bzw. Moränenreste	Meist nicht im Grundwasser anstehend, so daß Trockenabbau möglich ist. In ihrer Kornzusammensetzung entsprechen sie oft einem guten Betonkiessand. Fast immer frei von huminsauren Stoffen	z. T. Vorkommen schluffiger Einlagerungen, die ausgehalten werden müssen. In verschiedenen Gebieten hoher Gehalt an abschlämmbaren Bestandteilen, die Waschprozesse erforderlich machen.	Eimerleiterbagger, Löffelbagger, Kugelschaufler	Leuna (23); Plötz b/Halle (16); Kanena (19); Bruckdorf (20); Weißenfels (24); Salzmünde (18); Sandersdorf (17); Marke (12); Wallendorf (22); Kayna b/Zeitz (25); Köchstedt (21); Trebnitz bei Könnern (13); Baalberge bei Bernburg (10); Köthen (9)
4. Endmoränen	Pleistozän	fluvioglazial	Ungeordneter Wechsel diagonal geschichteter Sand- u. Kieslagen, oft Einlagerungen von lehmigen Lagen u. Blockpackungen	Trockenabbau	Körnung sehr wechselnd, mehr Bausande als Betonkiessande	Löffelbagger, Abbau von Hand auf Förderband, Eimerleiterbagger, Kugelschaufler	Taucha b/Leipzig (26); Reichardtswerben b/Weißenfels (27)
5. Sanderschüttungen	Pleistozän	fluvioglazial	Auf ebenen Flächen bis zu 10 m mächtige Kiessande und Sande der Endmoräne vorgelagert, in Tälern bis 50 m mächtig	Trockenabbau, wenig Abraum, nur selten unbrauchbare Einlagerungen	z. T. ungünstige Verkehrslage	Löffelbagger, Eimerleiterbagger, Handabbau mit Förderband	Zeuchfeld b/Freyburg (29); Schönebeck-Frohse (28)
6. Schmelzwassersande und -kiese	Pleistozän	fluvioglazial	schräggeschichtete Kiessande und Sande. Regelloser Wechsel von Sanden und Kiessanden von geringer Mächtigkeit	meist Trockenabbau	Oft hoher Anteil an abschlämmbaren Bestandteilen, keine große Verbreitung der Kiessande	Handgewinnung, Löffelbagger, Eimerleiterbagger	Mosigkau b. Dessau (30); meist kleine örtliche Kies- und Sandgruben
7. Tertiäre Kiese und Sande	vorwiegend Eozän	fluviatil	Bis 10 m mächtige Kiese und Sande meist im Hangenden und Liegenden der Braunkohlenflöze	Oft gute Betonkiessande mit wenigen betonschädlichen Bestandteilen	Zu große Mächtigkeit des Abraumes, der aus pleistozänen und tertiären Sedimenten besteht, Verzahnung mit Tonen.	Handgewinnung, Löffelbagger	Teuchern b/Weißenfels (31); Dölau b/Halle; Aue b/Zeitz (33); Osterfeld (32)

besonders die Nachteile der Abbautechnik bei der Auswahl der Erkundungsgebiete berücksichtigen müssen. Hierdurch wird der Geologe schon in der Vorerkundung auf Gebiete gelenkt werden müssen, die nicht hochwassergefährdet sind und transporttechnisch günstig liegen sowie einen Grundwasserstand aufweisen, der nicht über die Kiesoberkante reicht. Die aus dem Wasser gewonnenen Kiessande sind vorgewaschen und bedürfen keiner weiteren Klassierung, es sei denn, man will nicht Betonkiessande, sondern Betonkiese erhalten.

Nicht alle Flußniederungskiessande sind nutzbar, selbst wenn die Körnung den geforderten Normen entspricht. Aus der Elbniederung bei Kemberg (6) ist bekannt, daß die Kiese einen zu hohen Anteil an huminsauren Stoffen und Sulfaten enthalten, so daß sie als Betonzuschlagsstoff unbrauchbar sind.

Zusammenfassend muß über die Möglichkeiten der Erkundung von Kiessandlagerstätten in Flußniederungen gesagt werden, daß diese im allgemeinen auf geeignete Großlagerstätten für Betonwerke höffig sind, wenn die gewinnungstechnischen Nachteile schon bei der Vorerkundung berücksichtigt werden. Es muß daher in den Gebieten, wo keine anderen Möglichkeiten (Terrassen) bestehen, unter Inkaufnehmen der technischen Nachteile auf Niederungskiessande, so im Raume Magdeburg, Dessau und Wittenberg sowie in den der östlichen

Abb. 2. Durch Schrapper wird der Kies aus dem Muldebett gefördert

Abb. 3. Betonwerk Laußig b. Düben. Produktion vorwiegend Betonrohre

Altmark angehörenden Gebieten der Elbniederung, zurückgegriffen werden.

Terrassenschotter der pleistozänen Flüsse: Diese Ablagerungen bilden die z. Zt. am meisten genutzten Lagerstätten von Betonkiessanden. Ihre Verbreitung wurde in großen Zügen von H. u. R. LEHMANN 1930 (Die diluvialen Flußterrassen in der Umgebung von Halle a. d. Saale, Leopoldina Bd. 6, 1930, S. 233 bis 251) für den mitteldeutschen Raum dargestellt. Es sind dies die alt- und mittelpleistozänen Terrassen der Saale, Elbe, Mulde, mit Einschränkung auch der Salzke und Unstrut.

Die Ablagerungen der mittelpleistozänen Saale sind bei Weißenfels als 4—6 m mächtige Mittel- bis Grobkiese ausgebildet, in die einzelne schwach schluffige Lagen eingeschaltet sind. Solche Kiese werden in kleinen örtlichen Gruben abgebaut, z. B. in Weißenfels-Beuditz, wo die Handarbeit vorherrscht.

Bei Merseburg und Leuna werden die bis zu 6 m mächtigen Saaleterrassenkiese in großen Kiesgruben genutzt. Nach Entfernung eines durchschnittlich 1 m mächtigen Abraums werden die Kiessande mit Eimerleiterbaggern abgebaut und gesiebt. In der Kiesgrube in Leuna werden sie außerdem gewaschen. In der weiteren Umgebung von Halle (Bruckdorf, Kanena, Wallendorf, Plötz) finden wir nur noch Fein- bis Mittelkiese ausgebildet, die durchschnittlich 6 m mächtig sind, im Maximum (Plötz) aber 14 m erreichen können. Ihre Körnung entspricht der guter Betonkiessande (Abb. 7).

Der Abbau südlich von Halle ist z. T. mit beträchtlichen Schwierigkeiten verbunden. Die Kiessande werden z. B. in der Kiesgrube Bruckdorf von ca. 2 m mächtigen feinkiesigen Grobsanden überlagert, die nach SIEGERT und WEISSERMEL 1911 (Das Diluvium zwischen Halle und Weißenfels, Abh. d. Pr. Geol. Land. N. F., H. 60) als Basalschotter der Saalevereisung bezeichnet werden. Zwischen die Flußkiese und Basalschotter ist aber in Relikten eine bis zu 0,8 m mächtige Grundmoräne eingelagert, die einem Basalvorstoß der Saalevereisung angehört. Diese Einlagerung muß, um gute Betonzuschlagsstoffe zu gewinnen, ausgehalten werden (Abb. 8).

Ebenfalls wie bei Weißenfels ist auch in den Gruben südlich von Halle (Wallendorf, Bruckdorf) der Gehalt an abschlämmbaren Bestandteilen hoch. Nördlich Halle werden die Kiessande der pleistozänen Saale in Gruben am Rand der Fuhneniederung bei Gröbzig, Wörbzig, Plötz (Abb. 9) und Zörbig gewonnen. Sie sind durchschnittlich 10 m mächtig und in ihrer Körnung gute Betonkiessande.

Nach Osten vereinigen sich diese Bildungen mit den Ablagerungen der Elster und Mulde und werden feinkörniger. Bei Marke, nördlich Raguhn, sind diese Schotter nur noch als schwach feinkiesige Grobsande ausgebildet, die von 0,5—1 m mächtigen Schmelzwassersanden bedeckt werden. Westlich davon werden die Kiessande von einer mehrere Meter mächtigen saaleeiszeitlichen Grundmoräne überlagert, so daß sie dort nicht genutzt werden können.

Mittelpleistozäne Terrassenschotter der Elster werden bei Kayna/Krs. Zeitz abgebaut. Es sind dort bis zu 15 m mächtige Mittel-Grobkiese aufgeschlossen.

Die Schotter der Salzke werden in kleineren Gruben bei Teutschental und Salzmünde abgebaut. Während

Abb. 4. Gewinnung rezenter Flußbettkiese an der Muldebrücke Eilenburg

Abb. 5. Ausgekieste Grube des Kieswerkes Magdeburg-Rothensee. Zuleitungsrohr aus der in Betrieb stehenden Nachbarkiesgrube, daneben Schrapperanlage

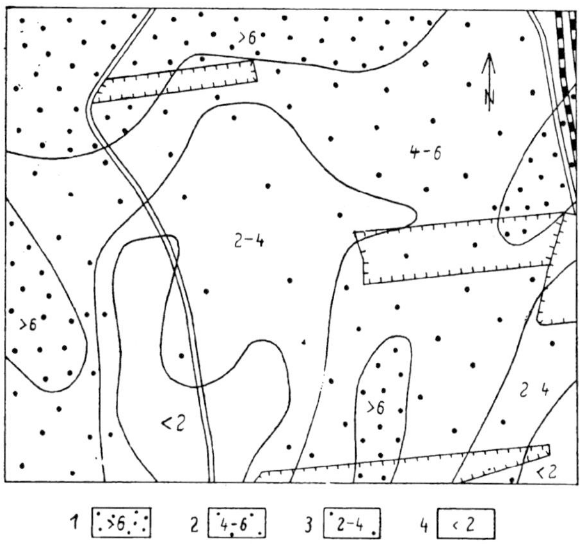

Abb. 6. Verteilung der Kiessandqualitäten nach der Körnung in der neu erkundeten Lagerstätte Magdeburg-Rothensee

1 – Kiessand, mächtiger als 6 m, Sand unter 2 m; 2 – Kiessand 4–6 m, Sand 2–4 m; 3 – Kiessand 2–4 m, Sand 4–6 m; 4 – Kiessand unter 2 m, Sand über 6 m

sie in der Umgebung von Teutschental (Kiesgrube Köchstedt) nur als Grobsande ausgebildet sind (Abb. 10), bestehen sie bei Salzmünde aus Feinkies.

Die Ablagerungen der Unstrut werden in kleinen Gruben im Geiseltal und im oberen Unstruttal genutzt. Sie sind nur von örtlicher Bedeutung.

Für die Erkundung von Kiessand-Großlagerstätten in mittelpleistozänen Terrassen ergibt sich demzufolge, daß ihr Nachweis am günstigsten im Raum Halle-Köthen-Bernburg und im Raume Eilenburg – Düben möglich ist. Dort können durchschnittlich 8–10 m mächtige Lagerstätten erwartet werden. Bei der Klärung dieser Verhältnisse ergab sich, daß Ablagerungen, die auf den Meßtischblättern Bernburg, Köthen, Bitterfeld-West als Schmelzwasserbildungen der Saalevereisung dargestellt wurden, mittelpleistozäne Schotter der Saale-Elster-Mulde sind, so daß eine Beurteilung der Kieshöffigkeit nur nach der geologischen Karte nicht immer zu richtigen Schlüssen führte.

Kiessande der Endmoränen: Die Sand- und Kiessandbildungen von Endmoränen der Saalevereisung werden in Mitteldeutschland bei Taucha, Bez. Leipzig, und Reichardswerben, Kr. Weißenfels, von der Bauindustrie genutzt. Sie bestehen aus vorwiegend sandigen Ablagerungen, in die unregelmäßig kiesige Lagen eingeschaltet sind, die zum Teil Blockpackungen enthalten.

Diese Sedimentationsverhältnisse gestatteten keine Bildung von Betonzuschlagsstoffen größeren Ausmaßes.

Kiessande der Sanderschüttungen: Sie sind ebenfalls fluvioglaziale Ablagerungen, ähnlich wie in Endmoränen. Innerhalb der Sande wechseln kiesreiche Lagen mit kiesärmeren Zonen ab. Da sich die Schüttungsrichtung während der Ablagerung oft änderte, treten für den Abbau Schwierigkeiten auf, da die Kiessande plötzlich aufhören und von den Sanden abgelöst werden und umgekehrt. Eine Planung des Abbaus ist deshalb in diesen Ablagerungen mit Schwierigkeiten verbunden. Die Kiessande selbst sind nach ihrer Entstehung in 2 Gruppen zu unterscheiden. Einmal in die Ablagerungen der Talsander und zum anderen in die Sander des ebenen Geländes.

Während des Dehlitzer Stadiums der Saalevereisung wurde im interglazialen Mindel-Riß-Tal der Unstrut zwischen Freyburg und Zeuchfeld ein solcher Sander aufgeschüttet, in dem die Kiessande und Sande über 50 m mächtig sind (RUSKE 1957, Diplomarbeit, Halle;

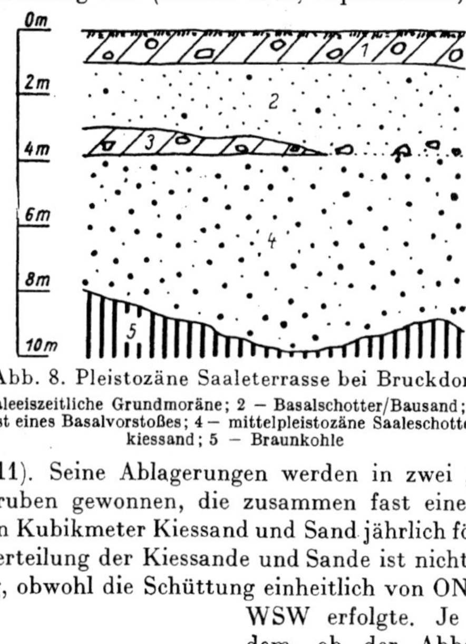

Abb. 8. Pleistozäne Saaleterrasse bei Bruckdorf

1 – saaleeiszeitliche Grundmoräne; 2 – Basalschotter/Bausand; 3 – Moränenrest eines Basalvorstoßes; 4 – mittelpleistozäne Saaleschotter/Betonkiessand; 5 – Braunkohle

Abb. 11). Seine Ablagerungen werden in zwei großen Kiesgruben gewonnen, die zusammen fast eine halbe Million Kubikmeter Kiessand und Sand jährlich fördern. Die Verteilung der Kiessande und Sande ist nicht regelmäßig, obwohl die Schüttung einheitlich von ONO und WSW erfolgte. Je nachdem, ob der Abbaustoß kiesreicher oder kiesärmer ist, wird das Material als Betonkiessand oder Bausand abgebaut. Im allgemeinen ist jedoch eine Abnahme der Körnung nach der Tiefe und nach WSW festzustellen. Beim Abbau muß immer darauf geachtet werden, daß keine Pfeiler stehenbleiben, da sonst der Abbaustoß unterbrochen werden würde. Gewonnen wird der Kies im Trichterabbau (ähnlich der Kreidegewinnung auf Rügen). In der Spitze des Trichters steht ein Förderband, das

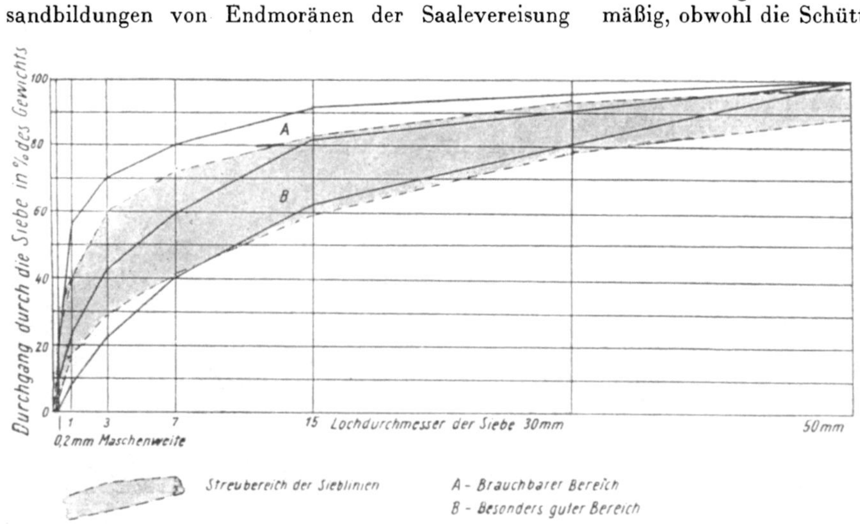

Abb. 7. Streubereich der Siebkurven der Kiessande der mittelpleistozänen Saaleterrasse in der Umgebung von Plötz

den vom 30 m hohen Stoß nachrutschenden Kiessand auf die Wagen transportiert.

Die anderen Sanderschüttungen, die vor der Endmoräne auf ebenem Gelände abgelagert wurden, werden im Bereich der Dehlitzer Endmoräne bei Weißenfels sowie im westlichen Vorland einer saaleeiszeitlichen Endmoräne bei Schönebeck-Frose genutzt. Es sind je nach Eisrandnähe Sande bis Kiessande, die nach Beseitigung des Abraums mit dem Eimerleiterbagger gewonnen werden. Bei Schönebeck-Frose sind sie ausgezeichnete Betonkiessande.

Schmelzwassersande und -kiese sind für die Baustoffindustrie nur von geringer Bedeutung. Einmal wechseln sie schnell in ihrer Korngröße und zum anderen nimmt in ihnen der Gehalt an abschlämmbaren Bestandteilen plötzlich so zu, daß sie unbrauchbar werden. Sie werden nur von örtlichen kleinen Kieswerken genutzt. Erkundungen für Großlagerstätten werden in diesen Schmelzwasserkiesen und -sanden nicht empfohlen.

Tertiäre Sande und Kiese: Sie sollen der Vollständigkeit wegen mit erwähnt werden, da sie an verschiedenen Stellen vorläufig in Gruben örtlichen Ausmaßes teils als Haupt-, teils als Nebenprodukte gewonnen werden. Es kann über die Nutzung der örtlich wohl mitunter ausgezeichneten Tertiärkiese gesagt werden, daß sie für größere Betonwerke nicht in Frage kommen. Abb. 12 zeigt eine 2—3 m mächtige Lage ausgezeichneten eozänen Quarzkieses im Deckgebirge des Unteren Buntsandsteins der Ziegeleigrube Zeitz-Aue.

Abb. 9. Kiesgrube bei Plötz, Terrassenbildung der pleistozänen Saale (dunkel: feinsandige feuchte Lagen)

Abb. 10. Salzkeschotter bei Köchstedt (Bezirk Halle). Überwiegend Bausand mit geringen Kieslagen und tonigen Bändern. (Unbrauchbar für die Betonindustrie)

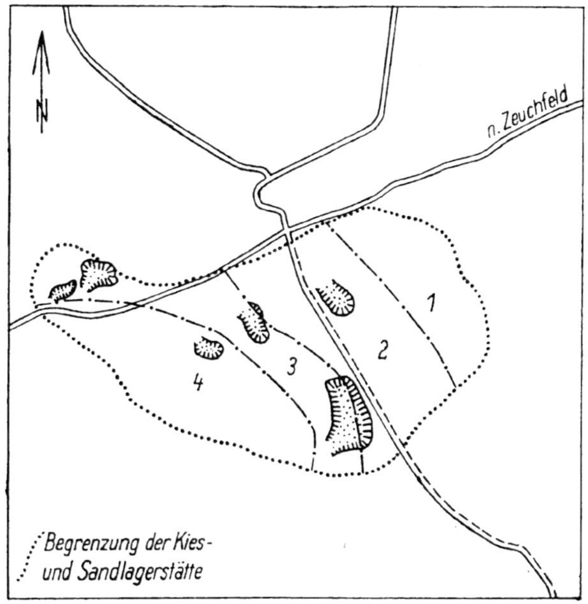

Abb. 11. Kiessand- und Sandlagerstätte der Sanderschüttung Zeuchfeld/Freyburg

Zone 1 – vorwiegend Kiessande mit Einlagerungen von Grundmoräne; Zone 2 – vorwiegend Kiessande, als Betonkiessand nutzbar; Zone 3 – Sande und Kiessande, zum Teil Überwiegen der Sande, Bausand und Betonkiessand; Zone 4 – vorwiegend Sande, zum Teil im geringen Umfang Kiessand

4. Zusammenfassender Rückblick

Die fluvioglazialen Bildungen, Endmoränen, Sanderschüttungen und Schmelzwassersande werden im allgemeinen infolge ihrer Entstehungsart (Wechsellagerung von feinem und gröberem Material) für die Erkundung von Großlagerstätten nur dann in Frage kommen, wenn keine andere Möglichkeit besteht, in dem vorgesehenen Raume auf fluviatile Bildungen, wie Kiessande der Flußauen oder Terrassenschotter, zurückzugreifen.

Die fluviatil gebildeten Kiese bzw. Kiessande sind für Betonzwecke im allgemeinen besser geeignet. Jedoch muß bei Erkundungen von Vorräten größeren Ausmaßes schon von vornherein unter Beachtung der Transport- und Gewinnungsanlage auf Terrassenschotter oder Kiessande der Flußniederungen zurückgekommen werden. Diese Bildungen lassen stellenweise Verbreitung, Mächtigkeiten und Qualitäten erwarten, die den Anforderungen gerecht werden. Bei Kiessanden der Flußniederungen können die Grundwasserverhältnisse für die Abbautechnik erschwerend wirken, so daß die Gewinnung

Abb. 12. 2—3 m mächtige Lage eozänen Quarzkieses im Deckgebirge des unteren Buntsandsteins der Ziegeleigrube Zeitz/Aue

durch Kiespumpe oder Schwimmbagger notwendig werden kann. Technisch leichter ist der Trockenabbau von Terrassenkiessanden, weil meist für in geringem Maße zusitzende Wässer eine natürliche Vorflut vorhanden ist. Über die Gewinnung von rezenten Flußbettkiesen liegen nur Erfahrungen vom Betonwerk Laußig in Mitteldeutschland vor. Es ist deshalb schwer zu sagen, ob in anderen Flüssen eine Gewinnung dieser Art möglich und wirtschaftlich sein kann.

Die ebenfalls fluviatil gebildeten Tertiärkiese in Braunkohlenbecken können als Rohstoffgrundlage für größere Werke im allgemeinen nicht empfohlen werden.

Unser Versuch einer Typisierung der Kieslagerstätten in Mitteldeutschland fußt auf den Erfahrungen der Nachkriegsjahre. In den nächsten Jahren werden noch weitere umfangreiche Erkundungen auf Betonzuschlagstoffe durchgeführt.

Die Erkundungsvorhaben in den Saale-Elster-Mulde-Terrassen im Bereich der Fuhneniederung im Raume südlich Köthen werden noch viele geologisch und wirtschaftlich wichtige Erkenntnisse bringen, ebenso wie die geplanten Erkundungen in den Bereichen der Terrassen der in das nördliche Harzvorland heraustretenden Harzflüsse.

Zur Beurteilung der zerstörenden Wirkungen von Hochwassern und Sturmfluten an Meeresküsten[1]

GÜNTHER SAGER, Warnemünde

Die in Heft 7/1958 erschienene Arbeit ist durch die auf MIEHLKE zurückgehende hydrologische Einführung in erfreulicher Weise aus dem Rahmen der sonst allgemein üblichen Darstellungsweise herausgetreten. Sie gibt Anregung zu einigen Betrachtungen über die Zweckmäßigkeit des dort eingeführten Integrals zur Ermittlung des gleichzeitigen Einflusses von Größe und Dauer eines Hochwassers auf die Zerstörung der Küste, wobei zugleich einige Mängel des Beitrags in Gestalt von fehlerhaften Bezeichnungen behoben werden mögen.

Die Auswertung von Hochwasser- und Sturmflutlagen anhand von meteorologischen und hydrologischen Unterlagen hat immer wieder die Frage auftreten lassen, welche Faktoren in erster Linie maßgeblich für den Grad der Zerstörung sind. Von der Vielzahl der Einflüsse sind vornehmlich zwei herausgestellt und als charakteristisch für die Wirkung einer Sturmflut bezeichnet worden, nämlich einmal der Maximalwert des Wasserstands und zum anderen die Dauer, während der ein gewisser „kritischer Wasserstand" überschritten wurde. Daß dabei die Meinungen über die Höhe des kritischen Wasserstands auseinandergehen, liegt bei seiner nicht ganz einfachen Festsetzung auf der Hand, zumal er nicht zuletzt ortsbedingt ist.

Daß das Maximum des Wasserstands nicht allein für den Umfang des Küstenabbruchs und der Schäden verantwortlich sein kann, bedarf keiner weiteren Ausführungen, weil dies durch Ereignisse in der Natur mehrfach belegt worden ist. Als Beispiel sei nur die Märzflut von 1906 erwähnt, die im Gebiet zwischen Jade und Ems an Höhe bis heute nicht übertroffen wurde, aber wegen ihrer kurzen Dauer nur wenig Schaden angerichtet hat. Ebenso wenig kann allein die Dauer der Überschreitung einer kritischen Höhe als Maßstab der zerstörenden Wirkung angesehen werden. Auch hierfür mangelt es nicht an Beispielen. Sie sind im allgemeinen nur weniger bekannt geworden, weil sie nicht zu den ausgesprochenen Schadenfluten zählen.

Erst die Verbindung beider Effekte ist die Ursache unserer großen Wasserkatastrophen gewesen, von denen hier nur die zwischen der Zuider-See und Sylt folgenschwere Februarflut von 1916 und die sog. Holland-Katastrophe vom 31. 1. auf den 1. 2. 1953 genannt seien, von der auch Belgien und Südostengland betroffen wurden und wo ungewöhnlich lange anhaltende große Windstärken — im Durchschnitt um 24 und lokal bis 30 Stunden — auftraten. Man könnte hier noch an die großen Sturmfluten der Nordsee in früheren Jahrhunderten denken, muß sich aber vergegenwärtigen, daß ein Vergleich mit Fluten jüngeren Datums wegen der im Laufe der Zeit verstärkten Deichprofile und des Einflusses der Küstensenkung in diesem Gebiet nicht ohne weiteres zulässig ist. Anders dagegen im Bereich der deutschen Ostseeküste, wo beide Faktoren wenig in Erscheinung treten, so daß hier auf Vergleiche zurückgegriffen werden kann (siehe Beispiele in Abb. 2).

Trotz der Notwendigkeit einer Verbindung von Maximum und Überschreitungsdauer der kritischen Höhe hat man diese bislang vermißt. Es ist dabei allerdings nicht einfach so, daß Hochwasser- bzw. Sturmflutlagen bezüglich ihrer küstenzerstörenden Tätigkeit als gleichwertig angesehen werden dürfen, wenn der Maximalstand und die Überschreitungsdauer dieselben sind. Ein Blick auf die Abbildung 1 kann davon leicht überzeugen. Als kritische Höhe wurde dabei 100 cm über Normalnull (NN) bzw. 600 cm über Pegelnull (PN= NN — 500 cm) angenommen. Da es sehr schwierig sein wird, den Begriff der kritischen Höhe festzulegen, ist die Unhaltbarkeit dieser einfachen Annahme allein durch eine Verschiebung der kritischen Höhe bereits erwiesen, für die sich keine gleiche Überschreitungsdauer mehr ergibt.

In dem von MIEHLKE vorgeschlagenen Ausdruck

$$A(h,t) = \int h(t)\,dt \quad \text{mit } h \geqq 550 \text{ cm} \qquad (1)$$

ist die Fläche einbegriffen, die zwischen der Pegelkurve und der kritischen Höhe von 550 cm über Pegelnull

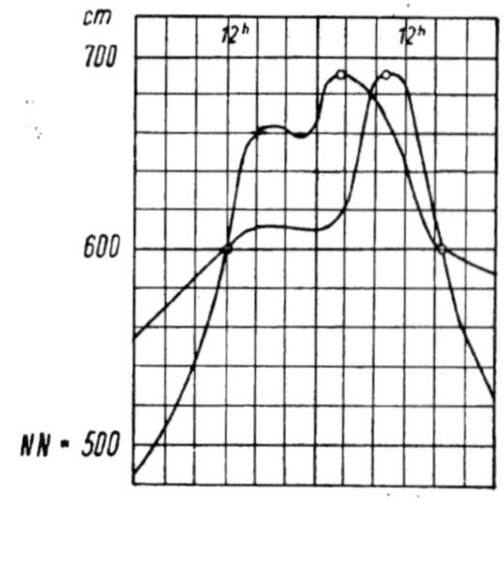

Abb. 1. Pegelkurven mit gleichem Maximum und gleicher Überschreitungsdauer von 600 cm über PN.

[1]) Diskussionsbeitrag zum Aufsatz: „Zu den jüngsten Küstenrückgängen bei Kühlungsborn und Graal-Müritz-Neuhaus" von H. J. ROGGE und O. MIEHLKE. H. 7/1958, S. 332—337.

Zeitschrift für angewandte Geologie (1958) Heft 12

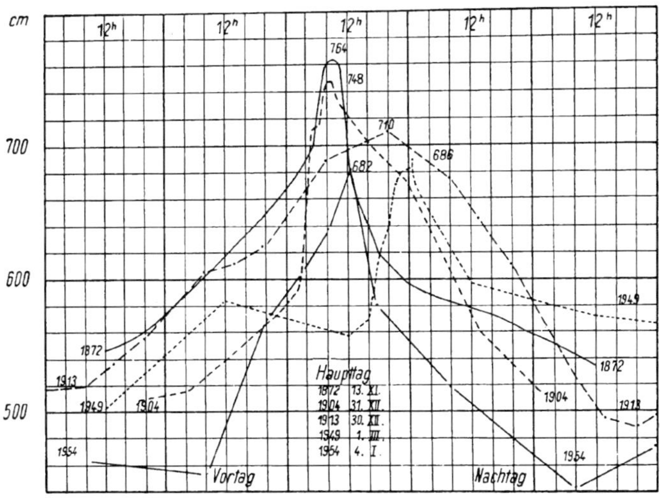

Abb. 2. Kurven für 5 Sturmfluten in Wieck bei Greifswald (nach KOLP)

liegt. Um diesen Ausdruck allgemeiner zu fassen und außerdem von der Bezugsbasis — Normalnull oder Pegelnull — unabhängig zu sein, empfiehlt sich statt dessen die Schreibweise

$$A(h,t) = \int [h(t) - h_{krit}]\, dt \quad \text{mit} \quad h(t) - h_{krit} > 0. \qquad (2)$$

Die Auswertung des Integrals (1) oder (2) geschieht entweder planimetrisch oder einfach durch Auszählen der stündlichen Differenzhöhen des Wasserstandes, wobei man im letzteren Fall Überlegungen betreffs des Flächenmaßstabs sparen kann.

Wie oft bei der Einführung eines neuen Ausdrucks macht die Bezeichnung Sorgen und ist außerdem etwas strittig. Der in diesem Fall gewählte Ausdruck „Aufweichungsstoß" für das angegebene Integral erscheint zumindest in seinem zweiten Term wenig geeignet, da man in der Physik unter Stoß im allgemeinen einen in kürzester Frist ablaufenden Vorgang versteht, wogegen man es hier mit einer stunden-, ja tagelangen Einwirkung zu tun hat. Auch aus der Dimension heraus, die cm · Stdn. — und nicht wie in dem Aufsatz mehrfach wiederholt cm/Stdn. — heißt, ist keine Rechtfertigung für die gewählte Bezeichnung zu erlangen. Wir wollen uns jedoch mit Fragen der Bezeichnung nicht länger aufhalten, sondern die eingeführte Größe einer näheren Betrachtung unterziehen.

Zu diesem Zweck sei der Ablauf von fünf größeren Sturmfluten an unserer Ostseeküste betrachtet, für die KOLP für den Ort Wieck bei Greifswald die Pegelkurven zusammengestellt hat (s. Abb. 2). Es handelt sich um die großen Sturmfluten vom November 1872, Dezember 1904, Dezember 1913, die mittlere Flut vom März 1949 und die weniger wirksame Flut vom Januar 1954. Um einen Überblick der Brauchbarkeit des Ausdrucks (2) zu erhalten, ist aus der Darstellung der Abb. 2 die Überschreitungsdauer und der Wert des zugehörigen Integrals für drei kritische Höhen, nämlich 600 cm = 100 cm über NN, 650 cm = 150 cm über NN und 700 cm = 200 cm über NN bestimmt worden. Die Ergebnisse sind neben den Maximalhöhen des Wasserstandes in der beigegebenen Tabelle mitgeteilt, wobei die jeweils größten Einzelwerte durch Fettdruck hervorgehoben sind.

Betrachten wir nun kurz die einzelnen Daten im Vergleich zu den Wirkungen der Sturmfluten, bei denen diejenige von 1872 an erster Stelle steht, gefolgt von den Fluten 1904 und 1913, immer auf den Ort Wieck bezogen. Zu der außerordentlich zerstörenden Wirkung der Sturmflut von 1872, die in dieser Hinsicht alle anderen übertrifft, paßt zwar der Höchststand von 764 cm, nicht aber die Überschreitungszeit und das zugehörige Integral A für 600 cm und auch nicht für 650 cm, was dem MIEHLKEschen Vorschlag zuwiderzulaufen scheint. Bezieht man aber noch eine kritische Höhe von 700 cm in den Kreis der Betrachtungen ein, die gewissermaßen den „Spitzeneffekt" erfaßt, so bleibt die Überschreitungsdauer zwar immer noch unterhalb derjenigen der beiden anderen großen Fluten, hingegen liefert das Integral nunmehr den relativ höchsten Wert aller Fluten, von denen die beiden jüngsten ganz ausscheiden.

Aufschlußreich ist das Verhältnis der beiden Sturmfluten von 1904 und 1913. Während der Unterschied im Höchstwasserstand als mäßig groß anzusehen ist, ergibt sich für die Überschreitungsdauer von 600 cm für die letztgenannte Flut reichlich der doppelte Betrag, aus dem allein auf eine ungleich größere Wirkung dieser Flut geschlossen werden müßte. Dagegen unterscheiden sich die Werte der zugehörigen Integrale nur noch um rund 50%. Nimmt man als kritische Höhe 650 cm an, so verringert sich der Unterschied der Überschreitungszeiten erheblich, während die Integralwerte einander bereits näherkommen. Erst im Spitzenbereich über 700 cm tritt zwischen beiden Sturmfluten ein Wechsel sowohl in der Überschreitungsdauer — wenngleich nur knapp — und vor allem im Wert der Integrale ein, der erst der Sturmflut von 1904 das ihr im Raum von Wieck zukommende Übergewicht gegenüber der Sturmflut von 1913 gibt.

Was schließlich die beiden Fluten von 1949 und 1954 anbelangt, so gleichen sie sich in den Höchstwasserständen und Überschreitungszeiten sehr, wogegen die Integralwerte relativ mehr differieren, ohne daß diese Unterschiede allerdings ausreichen dürften, die größeren Wirkungen der Flut von 1949 ganz zu erklären.

Zusammenfassend darf man sagen, daß die Betrachtung des zeitlichen Integrals der Wasserstände oberhalb einer kritischen Wasserstandshöhe geeignet erscheint, bei der Beurteilung der zerstörenden Wirkung von Hochwassern und Sturmfluten in den Kreis der Betrachtungen

Tabelle der charakteristischen Daten von 5 Ostsee-Sturmfluten für den Ort Wieck bei Greifswald

Sturmflut		Maximum cm	Dauer der Überschreitung und zugehöriges A					
			über 600 cm		über 650 cm		über 700 cm	
			Stdn.	cm · Stdn.	Stdn.	cm · Stdn.	Stdn.	cm · Stdn.
Nov.	1872	**764**	40	2300	19	900	6	**300**
Dez.	1904	748	30	2450	22	1150	**11**	270
Dez.	1913	710	**62**	**3700**	**36**	**1300**	9	50
März	1949	686	18	800	7	150	0	–
Jan.	1954	682	15	630	5	70	0	–

gezogen zu werden, wobei allerdings die Festlegung einer für einen bestimmten Küstenbereich zutreffenden kritischen Höhe wegen des verschiedenartigen Verlaufs der Ufer, ihres Profils und ihrer geologischen Beschaffenheit — ganz abgesehen von künstlichen Schutzbauten wie Deichen, Steindecken, Ufermauern usw. — ziemliche Schwierigkeiten bereiten dürfte. Daß man ferner für die Interpretation von Sturmflutwirkungen mit der Betrachtung nur einer kritischen Höhe kaum auskommen wird, sondern auch die Spitzeneffekte unter die Lupe nehmen muß, dürfte nach den angeführten Beispielen als unumgänglich erscheinen, wenn man auf dem vorgeschlagenen Wege eines Tages zu gültigen Aussagen kommen will. Daß daneben die Elemente des Seegangs, wie Höhe, Periode und Auflaufrichtung der Wellen gehörig berücksichtigt werden müssen, dürfte selbstverständlich sein. Unter Beachtung aller dieser Faktoren dürfte einer abschätzenden Bewertung von Sturmfluten Erfolg beschieden sein, wobei sich freilich solche Anormalitäten wie Doppelfluten oder Eisfluten kaum quantitativ erfassen lassen werden.

Einsatzmöglichkeit der Photogrammetrie für die geologische Erkundung innerhalb der DDR

RUDOLF STRAUBEL, Berlin

In letzter Zeit ist immer wieder die Frage nach der Möglichkeit des Einsatzes der Photogrammetrie in der Lagerstättenerkundung der DDR gestellt worden. Da die Anfragen im wesentlichen von Geologen kamen, ist es vielleicht dienlich, in kurzer Zusammenfassung die technische Seite dieser Frage zu behandeln. Das nachfolgende Tatsachenmaterial und die Literaturhinweise sollen den Geologen helfen, die Grenzen und Möglichkeiten der Photogrammetrie zu erkennen.

Allgemeines

Die Vorteile der Photogrammetrie gegenüber anderen Aufnahmeverfahren sind im wesentlichen die folgenden:

a) Die Außenarbeiten können rasch durchgeführt werden;
b) unzugängliche Objekte können meßtechnisch erfaßt werden;
c) die Darstellung der Details ist allen anderen Methoden überlegen;
d) sehr schnell und sehr langsam verlaufende Vorgänge können erfaßt werden;
e) die Aufnahmen bleiben als Beweis- und Kontrollgrundlage erhalten;
f) Verwendung einer Aufnahme für verschiedene Interpretationen (z. B. sowohl topographisch wie geologisch und forstwirtschaftlich usw.).

Die Nachteile der Photogrammetrie könnten wie folgt zusammengefaßt werden:

a) Es kann auf die klassischen Vermessungs- bzw. Kartierungsarbeiten nie ganz verzichtet werden (Schaffung von Paßpunkten, Deutung und Einarbeitung von weißen Flecken in den Aufnahmen usw.);
b) die Abhängigkeit vom Wetter ist größer als bei den alten Methoden;
c) Bodengestaltung und Bodenbewuchs müssen bestimmten Bedingungen entsprechen;
d) kostspielige Aufnahme- und Auswertegeräte sind Vorbedingung, die erst bei größeren Flächen ökonomisch eingesetzt werden können.

Der Einsatz der Photogrammetrie zur Herstellung von topografischen Karten für die Staatliche Geologische Kommission

Die Aero-Photogrammetrie (AePh) scheidet für diesen Zweck aus, weil die aufzunehmenden Flächen für eine eigene Organisation nicht groß genug sind und weil für Auftragsarbeiten in der DDR eine Spezialorganisation fehlt.

Die terrestrische Photogrammetrie (TPh) verlangt gute Sichtbarkeit der Erdoberfläche und hinreichende Geländeprofilierung. Sie versagt z. B. in Nadelwaldgebieten und kann in Laubwaldgebieten nur in bestimmten Jahreszeiten erfolgreich sein. Geländeprofile, die einen ökonomischen Einsatz der TPh garantieren, sind in der DDR selten (Ausnahme z. B. Saale- und Leutratal bei Jena.) Das gesamte Norddeutsche Flachland und weite Gebiete Mitteldeutschlands sind der TPh nicht zugänglich.

Die Vorarbeit zur Schaffung von Paßpunkten ist für die TPh unerläßlich, die Nacharbeitung zur Füllung von weißen Flecken ist etwa bei 10—20% der Flächen anzusetzen. Die gesamte klassische Meßausrüstung muß also zusätzlich zur Verfügung stehen.

Der Zeitverbrauch liegt etwa bei der Hälfte der üblichen Verfahren, wenn das Gelände geeignet ist. Die entstehenden Pläne haben folgende Fehler für gut einstellbare Punkte:

Maßstab	Lage (m) von	Lage (m) bis	Höhe (m) von	Höhe (m) bis
1: 2000	± 0,3	± 1,4	± 0,5	± 1,0
1: 5000	± 0,6	± 2,0	± 0,7	± 1,5
1:25000	± 3,0	± 10,0	± 3,0	± 6,0

In den vergangenen Jahren sind von der Abtl. Markscheiderei und Topografie der Staatlichen Geologischen Kommission etwa 40—50 km² Gelände topografisch aufgenommen und in den Maßstäben 1:1000 und 1:2000 dargestellt worden. Von diesen Flächen wären etwa 20% für terrestrische Photogrammetrie geeignet gewesen.

Der Preis einer Aufnahmeausrüstung für TPh beträgt etwa DM 12000.— (Lieferfrist z. Z. etwa 18 Monate), eine Auswerte-Ausrüstung für die oben genannte Leistung kostet etwa DM 50000.—; (Lieferzeit wie oben). Ein einfacheres Auswertegerät für die punktweise Auswertung ist mit etwa DM 10000.— anzusetzen.

Nach Vorstehendem erscheint die Einführung der TPh für die DDR allein als Mittel zur Schaffung topografischer Unterlagen für die geologische Erkundung nicht gerechtfertigt. Sie könnte in Einzelfällen mit dafür eingesetzt werden, wenn die Ausrüstung speziellen geologischen Zwecken nutzbar gemacht werden kann.

Einsatz der Photogrammetrie für spezielle geologische Zwecke

Der Einsatz der AePh fällt für das Gebiet der DDR wegen der weiter oben genannten Gründe aus diesen

Betrachtungen aus, obgleich die Photogrammetrie bestechende geologische Erfolge mit Luftbildern erreicht hat. Allein für Zwecke der geologischen Luftbildinterpretation ist eine Neubefliegung der DDR bei dem vorhandenen guten topografischen und geologischen Kartenmaterial ökonomisch nicht vertretbar; man müßte sich hierzu bereits vorhandenen, für andere Zwecke hergestellten Luftbildmaterials bedienen.

Der Einsatz der TPh für geologische Spezialzwecke kann m. E. folgende Gebiete umfassen:

a) Kartierung schwer oder nicht zugänglicher Aufschlüsse (Kohlen- und Abraumschnitte, Kliffe, Steinbruchswände, Bergbaupingen usw.). Dabei ist Voraussetzung, daß sich die gewünschten geologischen Details in ihrem Lichteffekt hinreichend unterscheiden.

b) Dokumentation geologischer Aufschlüsse in Reihenbildern in regelmäßigen Zeitabständen.

Der Umfang dieser Arbeiten innerhalb der Staatlichen Geologischen Kommission muß von geologischer Seite abgeschätzt werden.

Zusammenfassung

Der Einsatz der Photogrammetrie innerhalb der StGK. kann sich m. E. nur auf die TPh beziehen. Die AePh scheidet aus ökonomischen Gründen aus. Die Anschaffung einer terrestrischen Aufnahmeeinrichtung ist m. E. zu vertreten. Dieses Aufnahmegerät könnte sowohl für spezielle geologische Zwecke als auch für topografische Belange in geeigneten Geländeabschnitten eingesetzt werden. Die Auswertung kann an der Bergakademie Freiberg oder evtl. an der Technischen Hochschule Dresden an den dort vorhandenen Geräten erfolgen, wenn eigene Aufnahmen vorliegen.

Literatur[1])

1. ALBRECHT, G.: Deutsches Schrifttum über Bildmessung und Luftbildwesen. Herbert Wichmann, Berlin 1938.
2. BUCHHOLZ, A.: Photogrammetrie. Verlag Technik, Berlin 1954.
3. DROBISCHEW, F. W.: Photogrammetrie (russisch). Moskau 1954.
4. FINSTERWALDER, R.: Photogrammetrie. Walter de Gruyter u. Co., Berlin 1952.
5. HAVEMANN, A. W.: Luftbildmessung und Erforschung der natürlichen Rohstoffquellen (russisch). Akademie der Wissenschaften, Moskau-Leningrad 1937.
6. HELBLING, R.: Photogeologische Studien. Orell Füssli, Zürich 1948.
7. HELBLING, R.: Die Anwendung der Photogrammetrie bei geologischen Kartierungen. A. Franke, Bern 1938.
8. KONSCHIN, M. D.: Aerofototopografia (russisch). Moskau 1952.
9. LACMANN, O.: Die Photogrammetrie in ihrer Anwendung auf nicht topografischen Gebieten. S. Hirzel, Leipzig 1950.
10. LOBANOW, A. N.: Fototopografia. Moskau 1949.
11. MANEK, F.: Erdbildmessung. W. Knapp, Halle (S.) 1950.
12. MANEK, F.: Bisherige Anwendung der Photogrammetrie im Bergbau. Vermessungstechnik 1954/3, S. 55–59.
13. SCHNEIDER, S.: Braunkohlenbergbau über Tage im Luftbild dargestellt am Beispiel des Kölner Braunkohlenreviers. Bundesanstalt für Landeskunde, Remagen 1957.
14. SCHWIDEFSKY, K.: Grundrisse der Photogrammetrie. Wissenschaft und Fachbuch GmbH, Bielefeld 1950.
15. STÜBNER, K.: Anwendung des Luftbildes in der Geomorphologie. Vermessungstechnik 1954/3, S. 47–53.
16. SKIRIDOW, A.: Stereophotogrammetrie (russisch). Moskau 1951.
17. – Luftbild und Luftbildmessung. Hansa Luftbild Nr. 20, Berlin 1941.
18. – Bibliography of Photogrammetrie. Photogrammetric Engineering, Vol. II, No. 4, Washington 1937.
19. – Wörterbuch für Photogrammetrie (mehrsprachig). H. Wichmann, Bad Liebenwerda 1934.

[1]) Hiervon sind besonders die Nummern 5, 6, 7 und 15 für geologische Zwecke empfehlenswert.

Ein Gerät für mikrofotografische Aufnahmen in der Gesamtgröße von Dünnschliffen

KARL ZASTROW, Berlin

In der Mineralogie und Petrographie werden oft Dünnschliffaufnahmen mit und ohne polarisiertem Licht von dem gesamten Schliff im Verhältnis 1:1 und größer verlangt. Mit den üblichen Mikroskopen für Durchlicht sind derartige Aufnahmen nicht möglich, weil die Schliffe, die meist 20 mm und länger sind, nicht mehr ausgeleuchtet werden. Der VEB Carl Zeiß Jena sowie andere führende deutsche Firmen stellen geeignete Aufnahmeeinrichtungen nicht her, nachdem das in den Vorkriegsjahren von den Zeiß-Werken gelieferte Makro-Diastativ ohne Polarisationseinrichtung nicht mehr auf den Markt kam. Um eine Möglichkeit zu schaffen, solche Aufnahmen vorzunehmen, habe ich ein Gerät bauen lassen, dessen Beschreibung folgt.

Das Gerät wurde von dem Mechanikermeister A. HENNIG der Staatlichen Geologischen Kommission in Berlin angefertigt. Es besteht aus 2 Polarisationsfiltern von Zeiß-Jena, die im Handel erhältlich sind. Diese besitzen einen Durchmesser von 60 und 88 mm. Sie sind in einen Ring gefaßt, in dem sich jedes Filter um 180° drehen läßt. (Beide Filter werden von mir auch für Aufnahmen mit der 13×18 und 18×24 cm-Kamera verwendet, um störende Lichtreflexe auszuschalten). Ferner gehören ein Kondensor von einem Vergrößerungsgerät der Firma Häberle, Berlin, Typ „Lux II" mit einem Durchmesser von 60 mm und ein Beleuchtungsspiegel (Planspiegel) in der Größe 80×80 mm zur

Abb. 1. Die Standardkamera aufnahmefertig mit dem angeschraubten Aufnahmegerät.

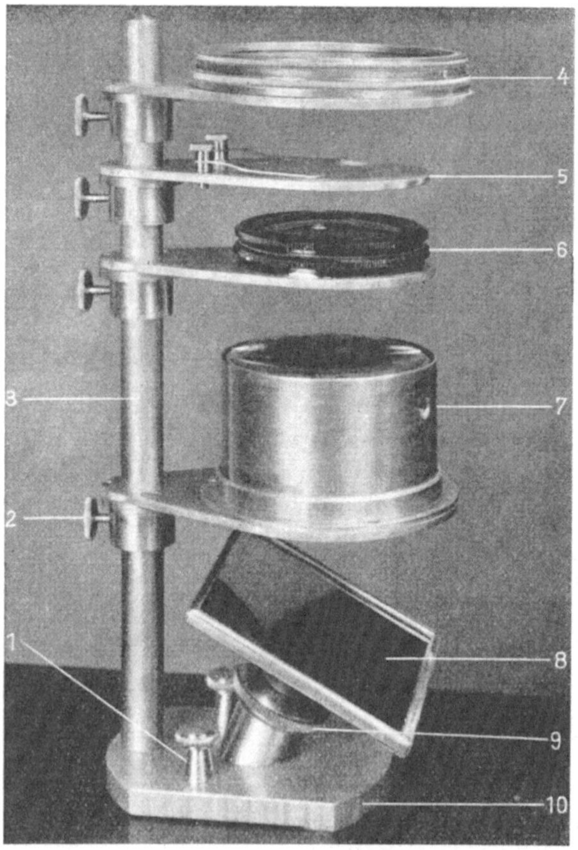

Abb. 2. Einzelteile des Aufnahmegerätes:

1) Befestigungsschraube für die Grundplatte; 2) Feststellschraube; 3) Messingsäule; 4) Polarisationsfilter (Analysator); 5) Objekthalter (drehbar); 6) Polarisationsfilter (Polarisator); 7) Kondensor; 8) Beleuchtungsspiegel; 9) Festklemmbarer Kugelsitz; 10) Grundplatte.

Ausrüstung. Als Objekthalter dient eine kreisrund geschliffene drehbare Scheibe von 60 mm Durchmesser. Die angeführten Teile sind an einer Messingsäule, die einen Führungsnut besitzt, befestigt. Sie können hier beliebig nach oben oder nach unten geschoben und zugleich mit der Feststellschraube arretiert werden. Der Beleuchtungsspiegel ist an einem Kugelsitz befestigt und kann nach der Justierung festgeklemmt werden. Die Säule ist auf einer Grundplatte angeschraubt. Die Säule, die Einfassung des Spiegels und sämtliche Feststellschrauben bestehen aus Messing, alle anderen Teile sind aus Leichtmetall.

Verwendet wird das Gerät in Verbindung mit der Vertikal-Kamera „Standard" von Zeiß, an deren Grundplatte es festgeschraubt ist. Dadurch ist gewährleistet, daß das Gerät zur optischen Achse der Gesamtapparatur zentriert ist und sich nicht verschieben kann. Als Beleuchtung dient die angebaute Beleuchtungseinrichtung mit einer Niedervoltlampe (12 V 100 W), mit der man die Helligkeit nach Belieben durch einen Schiebewiderstand regeln kann.

Für die Aufnahmen werden folgende Mikrotare der Firma VEB Carl Zeiß Jena verwendet:

Mikrotar 1: 6,3 f = 90 mm Ap. 0,08
„ 1: 4,5 f = 45 mm Ap. 0,1
„ 1: 3,2 f = 20 mm Ap. 0,15

Mit diesen Objektiven ist man in der Lage, sämtliche Dünnschliffe im Format 9×12 cm zu fotografieren. Das Mikrotar 1:4,5 ist am günstigsten, weil man hiermit kleinere Dünnschliffe bequem auf das 9×12-Format bekommt. Da die Standardkamera meist mit dem Tessar von f = 13,5 mm als Grundausrüstung im Handel erhältlich ist und dieses Objektiv einen weitaus größeren Gewindedurchmesser gegenüber den Mikrotaren besitzt, muß man einen Reduzierring für die Mikrotare verwenden. Diesen stellt der VEB Carl Zeiß Jena her. Zu erwähnen sei noch, daß es angebracht ist, Mikrotare mit eingebauter Irisblende zu benutzen.

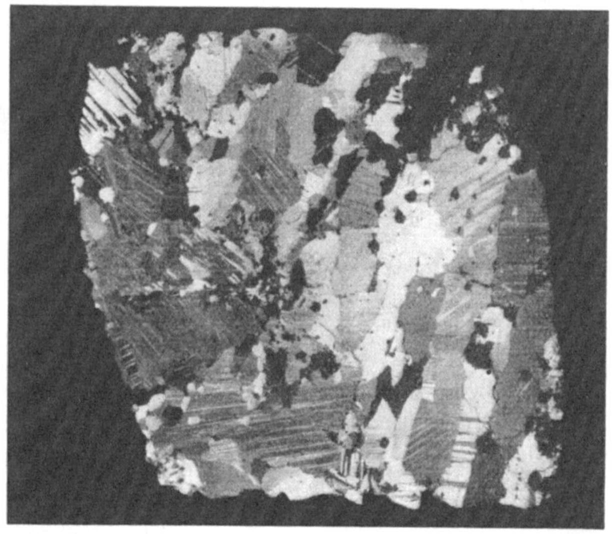

Abb. 3. Aufnahme eines gesamten Dünnschliffes im polarisierten Licht. Vergrößerung 3,6 × + Nic., Blastomylonitischer Carnallitit aus geschichtetem Carnallitgestein, Kaliwerk Bischofferode, Ostfeld.

Diskussionsbeiträge zum Begriff „Petrochemie"

Einem allgemeinen Bedürfnis Rechnung tragend, befaßt sich E. Lange in Heft 7 dieser Zeitschrift in sicher verdienstvoller Weise mit dem Begriff „Petrochemie". Im Verlaufe seiner Erörterungen kommt er zu dem Ergebnis, daß man die Bezeichnung „Petrochemie" auf die technische Verarbeitung von Erdöl, Erdgas usw. beschränken sollte. Es muß dem Leser seiner Zeilen überlassen bleiben, zu entscheiden, ob dies aus der Einsicht heraus geschieht, daß sich dieser Ausdruck in den entsprechenden Industriezweigen bereits durchgesetzt hat, oder ob sein Vorschlag das Resultat unklarer Begriffsbestimmungen ist. Verfasser ist der Meinung, daß man eine solche, zwar nicht „weltbewegende", aber für das gegenseitige wissenschaftliche Verständnis immerhin erwünschte Entscheidung erst fällen sollte, nachdem man sich um eine saubere Definition des Begriffes „Petrochemie" in seinem ursprünglichen Sinne bemüht hat.

Die Mehrheit der auf dem Gebiet der Gesteinskunde tätigen Wissenschaftler verknüpft mit dem Begriff „Petrochemie" eine ganz bestimmte, festgefügte Vorstellung. Man versteht darunter diejenige petrographische Teildisziplin, welche sich mit dem Chemismus der Gesteine befaßt, und versucht, auf dieser Grundlage zu konkreten Vorstellungen zu gelangen. Wie bei ähnlichen Begriffen, z. B. Petrographie, handelte es sich, entsprechend der Entwicklungsstufe der Naturwissenschaft z.Z. der Begriffsfassung, lange Zeit nicht um eine Vorgangsdefinition, sondern um eine von genetischen Aspekten weitgehend freie Kategorie. Unter dieser Voraussetzung hat die Petrochemie die petrographischen Angaben zum geologischen Verband (Großbereich), zum Gefüge und Mineralbestand eines Gesteins (Kleinbereich) in wertvoller Weise ergänzt und, dies erscheint bemerkenswert, in Verbindung damit zu grundlegenden wissenschaftlichen Erkenntnissen geführt. Die Petrochemie ging dabei, wie viele andere Wissenszweige, von dem Tatbestand aus, der sich in der chemischen Analyse widerspiegelt, und zog aus der theoretischen Erörterung dieses Tatbestandes bestimmte Schlüsse.

Im gegenwärtigen Zeitpunkt lassen sich mit dem methodischen Rüstzeug der Petrochemie eine ganze Reihe wichtiger Aufgaben lösen, von der chemischen Klassifikation der Gesteine (CIPW-Verfahren, NIGGLI-Verfahren u. a.) über den Differentiationsverlauf von Gesteinsschmelzen bis zur Kontrolle von Stoffverschiebungen bei der Metamorphose (Kationenproportionen u. a. Verfahren)

Eine klare Begriffsbestimmung des Wortes „Petrochemie" findet sich bei A. N. SAWARITZKI. Ohne die Beziehungen zur Geochemie zu ignorieren, legt SAWARITZKI dar, daß man darunter — ich zitiere wörtlich — „das Studium der Wechselbeziehungen zwischen der chemischen Zusammensetzung der im einzelnen zu vergleichenden Gesteine und insbesondere das vergleichende Studium der natürlichen Komplexe von Gesteinen hinsichtlich ihres Chemismus" versteht. Er verweist ferner völlig zu Recht darauf, daß die Petrochemie ein Teil der Petrographie ist, wie Verfasser weiter oben ebenfalls ausgeführt hat. A. N. SAWARITZKI bemerkt weiter, daß man mit den Methoden der Petrochemie zu „objektiven Tatsachen gelangen kann, wie sie uns durch die Analyse beim Studium der chemischen Zusammensetzung ... gegeben werden". Bereits ein flüchtiger Einblick in sein Buch „Einführung in die Petrochemie der Eruptivgesteine"[1]) macht deutlich, daß wir keine Geochemie der Eruptivgesteine vor uns haben. Die Geochemie der Gesteine wäre viel weiter zu fassen, selbst wenn man in Rechnung stellt, daß z. Z. der Begründung des Begriffs „Geochemie" durch C. F. SCHÖNBEIN (1838) die aus der Beschäftigung mit dem Stoffgebiet dieser Wissenschaft von den chemischen Bestandteilen der Erde erwachsenden Gesetzmäßigkeiten erst zu ahnen waren. Die Kenntnis dieser Fakten macht es kaum möglich, den Begriff „Petrochemie", wie das E. LANGE vorschlägt, durch „Geochemie" oder „Petrologie" (die etwas anderes, hier nicht zu Erörterndes bedeuten) zu ersetzen.

Ohne den Begriffsinhalt zu einer ausschließlichen Frage der Priorität machen zu wollen, dürfte es sich aus verschiedenen Gründen empfehlen, daß die Erdölverarbeitungsbranche auf den Ausdruck „Petrolchemie" zurückgreift, der ja in diesem Zusammenhang häufig benutzt wird. Unter Petrolchemie läßt sich dann ein besonderer Zweig der chemischen Technologie verstehen, welcher sich mit der Verarbeitung von Erdöl, Erdgas und Erdölderivaten befaßt. Dem Wort „Petrolchemie" kommt damit eine Bedeutung zu, die seinem Inhalt voll und ganz entspricht und völlig unmißverständlich bleibt. Auch der Laie wird durch ihn nicht irregeführt und weiß, daß es sich um eine chemische Technologie auf Petroleumbasis i. w. S. handelt.

Die Meinung von E. LANGE, daß man den Begriff „Petrochemie" in dem von ihm vorgeschlagenen Sinne fallen lassen kann und auf die Erdölchemie beschränkt, wird von den meisten auf petrographischem (und petrologischem) Arbeitsgebiet tätigen Wissenschaftlern nicht geteilt werden. Ganz im Gegenteil wäre es zu wünschen, daß er dem Forscher in seiner klaren und ursprünglichen Bedeutung erhalten bleibt. ROLF SEIM, Rostock

*

Es wird von E. LANGE vorgeschlagen, den Begriff „Petrochemie" nur noch im Sinne etwa von „Erdölchemie" zu verwenden und die Verwendung in der Gesteinskunde auszuschalten. Dazu ist folgendes zu sagen:

1. Der Gesteinskundler bedient sich bei der Kennzeichnung der Gesteine
a) physikalischer Methoden zur qualitativen und quantitativen Feststellung der Mineralphasen und ihrer Verwachsungsverhältnisse = Petrographie,
b) chemischer, physiko-chemischer und physikalischer Methoden zur Feststellung des Mineral- und Gesteinschemismus und deren Variationsverhältnisse = Petrochemie.

2. Versucht der Gesteinskundler auf Grund des petrographisch und petrochemisch erarbeiteten Materials unter Berücksichtigung der geologischen Verhältnisse genetische Schlüsse zu ziehen, so betätigt er sich petrologisch. Jeder moderne Gesteinskundler, der in diesem Sinne arbeitet, ist Petrologe.

3. Aufgabe der Geochemie ist es, das Verhalten der chemischen Elemente in Abhängigkeit von Zeit und Raum zu verfolgen und hier Gesetzmäßigkeiten festzustellen. Die Petrochemie ist eine spezielle Arbeitsrichtung der Geochemie und beschäftigt sich mit dem geochemischen Verhalten der natürlichen Silikate. Sie vertritt damit weder die Geochemie noch engt sie sie ein. Der Begriff Petrochemie ist nicht unklar, sondern wie selten ein geologischer Begriff dem Sinne und dem Namen nach gut definiert und seit langer Zeit eingeführt.

4. Wie aus obigen Definitionen hervorgeht, ist die Ersetzung des Begriffes „Petrochemie" durch „Petrologie" nicht zu begründen, da sich die Petrologie petrochemischer Methoden neben anderen bedient und damit übergeordnet ist.

5. Der Begriff „Petrochemie" im Sinne von „Erdölchemie" ist abzulehnen
a) aus etymologischen Gründen,
b) aus Prioritätsgründen.

6. Die nicht zu leugnende, um so mehr zu bedauernde Verwendung in obigem Sinne in einigen wichtigen erdölfördernden Ländern ist kein Grund für uns, die wir in der Entwicklung einer Erdölchemie am Anfang stehen, Falsches zu übernehmen. Hier liegt ein unpassendes Streben vor, „Weltniveau" zu erreichen. Wir haben die Möglichkeit, ohne Vorbelastung auch sprachlich klar zu beginnen.

7. Es dürfte nicht unmöglich sein, einen sinnvollen, praktischen und auch international verständlichen Namen für die zur Debatte stehende Arbeitsrichtung bzw. Wissenschaft zu finden. Es ist nicht einzusehen, warum das Wort „Petrolchemie" nicht geeignet sein soll. Wenn man sich das Durcheinander auf dem Sektor

[1]) A. N. SAWARITZKI, Einführung in die Petrochemie der Eruptivgesteine, Akademie-Verlag, Berlin 1954.

der flüssigen Brennstoffe in fast allen gängigen Sprachen ansieht, scheint das Wort „Petrol" auch heute noch allen oben gestellten Anforderungen am besten zu entsprechen und wird überall verstanden. Auch an das Wort „Erdölchemie" würde man sich sicher schnell gewöhnen, wenn auch hier nicht das zweifellos wichtige und an Wichtigkeit zunehmende Erdgas eingeschlossen ist. In der russischen und englischen Sprache sind auf dem technischen Sektor oft sinnvolle Wortneubildungen durch Zusammenstellung von Abkürzungen üblich. Vielleicht findet sich auf diese Art eine Lösung.

Prof. H. SCHNEIDERHÖHN äußert sich in dem soeben erschienenen Zentralblatt für Mineralogie (Jg. 1957, Heft 3, Teil II, S. 629) zu dem behandelten Thema wie folgt:

„Neuerdings ist, auch in deutschen Zeitschriften, für ‚Petroleumchemie' der unsinnige und sprachlich völlig falsch gebildete Name ‚Petrochemie" aufgekommen. Daß in unserm Fachgebiet schon seit beinahe 100 Jahren, wie ja auch etymologisch richtig ist, dieser Name Gesteinschemie bedeutet, ist heute, wo Latein und Griechisch nicht mehr zur allgemeinen Bildung gehört, anscheinend nicht mehr ins Bewußtsein gedrungen. Dabei wäre, wenn man schon eine Abkürzung nötig hat, der richtige Name ‚Petrolchemie' doch so einfach!"

HANS-JÜRGEN RÖSLER, Jena

II. Petrographischer Allunionskongreß der Sowjetunion in Taschkent

EBERHARD KAUTZSCH, Berlin

In der Zeit vom 19.–23. Mai 1958 fand in Taschkent der II. Petrographische Allunionskongreß der Sowjetunion statt. In Verbindung damit wurden ausgedehnte Exkursionen in verschiedenen Gegenden der Sowjetunion durchgeführt. Entgegen der ursprünglich vorgesehenen Anzahl von nur 100 Teilnehmern nahmen an dem Kongreß mehr als 600 der bekanntesten und erfahrensten Petrographen der Sowjetunion teil.

Als ausländische Gäste waren Prof. LI PU, Peking, für die VR China, Prof. SAVUL für die VR Rumänien, Prof. SMULIKOWSKI, Warschau, für die VR Polen, Prof. DIMITROW, Sofia, für die VR Bulgarien, für die Deutsche Demokratische Republik Verfasser und darüber hinaus Vertreter einer indischen Delegation auf der Tagung anwesend. Es wurden mehr als 100 Vorträge gehalten. In einem gesonderten Band wurden den Teilnehmern vor der Tagung fast alle Vorträge gedruckt ausgehändigt. Auch die Vorträge der ausländischen Gäste wurden anschließend ebenfalls in gedruckter Form übergeben.

Die Eröffnung der Tagung erfolgte am 19. Mai 1958, 18 Uhr, im Opernhaus in Taschkent. Eröffnungsansprachen hielten der Präsident der Akademie der Wissenschaften der Usbekischen SSR, Prof. Dr. ABDULLAJEW; der Minister für Geologie der UdSSR, ANTROPOW; als Vertreter der Akademie der Wissenschaften der UdSSR, Prof. Dr. SCHTSCHERBAKOW. Für die Auslandsvertretungen sprachen Prof. LI PU und Verfasser.

Hervorzuheben sind hier die Ausführungen des Ministers für Geologie der UdSSR, ANTROPOW, die einen Überblick über die bisher in der gesamten Sowjetunion auf geologischem Gebiet geleistete Arbeit ermöglichten. Minister ANTROPOW behandelte weiterhin die Aufgaben, die den Petrographen im Rahmen der Fortsetzung dieser Arbeiten in Zukunft speziell zufallen. Er betonte dabei, daß man nicht zu sehr in Theoretisieren verfallen dürfe. Die Überschätzung der Theorie, wie sie z. B. in westeuropäischen Ländern teilweise erfolgt (so in der Frage der Regeneration von Lagerstätten im Sinne SCHNEIDERHÖHNs), kann sich hemmend auf den Erfolg bei der Erkundung von Lagerstätten auswirken und muß deshalb vermieden werden.

Am 20. und 23. Mai 1958 fanden im Sitzungssaal des Parlaments der Usbekischen Sowjetrepublik Plenarsitzungen statt. Dort wurden von KORSHINSKIJ, KUSNEZOW, SEMENENKO, PETROW, CHITAROW, POLOWINKINA, ABDULLAJEW, KARPOWA, BARATOW u. a. zusammenfassende Vorträge über Fragen des Magmatismus und der Lagerstättenbildung gehalten. POLKANOW, GERLING und AFANASJEW referierten über die absoluten Altersbestimmungen der Gesteine.

Am 21. und 22. Mai 1958 wurden Sektionstagungen für geologische und metallogenetische Fragen der paläozoischen magmatischen Komplexe, für geologische und metallogenetische Fragen der mesozoischen magmatischen Komplexe, für Probleme der Alkali-Gesteine, Ultrabasite und Gangbildungen sowie für geochemische, und physikalisch-chemische Probleme magmatischer und metamorpher Komplexe und Methoden ihrer Erkundung abgehalten.

Interessant war die lebhafte Diskussion nach den einzelnen, je 10 Minuten dauernden Vorträgen. Hierbei ist zu bemerken, daß die von Minister ANTROPOW vertretene Ansicht gegen ein zu starkes Theoretisieren bei allen Diskussionsrednern ein lebhaftes Echo fand. Man war sich darüber einig, die Theorie, soweit sie brauchbar ist, vor allem als Arbeitshypothese anzuerkennen. Die Vortragenden und Diskussionsteilnehmer waren bemüht, immer bessere Erklärungen für die einzelnen Beobachtungen zu finden. Aus der Vielzahl der sehr interessanten Vorträge können hier nur einige kurz erwähnt werden:

D. S. KORSHINSKIJ sprach über das Verhältnis zwischen Azidität-Basizität als dem wichtigsten Faktor magmatischer und postmagmatischer Prozesse. Er sagte u. a.: Bei der Bildung der postmagmatischen Minerallagerstätten besitzt die „hydrothermale Azidität-Alkalität-Differenziation" die größte Bedeutung. Sie hängt mit der durchlaufenden Welle der Säurekomponenten zusammen und führte zu einer Volumenauslaugung der Gesteine mit nachfolgender teilweiser Fällung der ausgelaugten Basen längs der Klüfte.

Die sauer-basische Wechselwirkung der Komponenten spielt nicht nur in den magmatogenen wäßrigen Lösungen, sondern auch in den Magmen die Hauptrolle. Die Azidität-Alkalität des Magmas, im Gegensatz von Kieselsäurehaltigkeit — Basizität, hängt vom Regime der vollkommen beweglichen Komponenten ab. Eine Erhöhung der Alkalität des Magmas ruft eine Intensivierung aller in ihm vorhandenen, besonders der stärkeren Basen hervor, was in den gesetzmäßigen Änderungen der paragenetischen Verhältnisse der Minerale zueinander, der kotektischen und eutektischen Zusammensetzungen, der Kristallisationsfolge und der Zusammensetzung der variablen Minerale zum Ausdruck kommt.

Neben den Magmen mit eutektischer und kotektischer Zusammensetzung existieren apoeutektische Magmen: angesäuerte (aplitische) und angelaugte (lamprophyrische).

Völlig magmatische Lösungen und Magmen aus der Tiefe sind primär alkalisch. Die Bildung von Magmen mit normaler Alkalität hängt mit der verminderten Alkalität der Sedimentschichten des Sials zusammen.

I. A. KUSNEZOW sprach über die grundlegenden Gesetzmäßigkeiten bei der tektonisch bedingten Verteilung und Klassifikation magmatischer Bildungen. Seine Ausführungen lösten eine sehr lebhafte Diskussion darüber aus, inwieweit seine Anschauungen und die von BILIBIN zu Recht bestehen, auf Grund der von STILLE gegebenen Einteilung magmatischer Vorgänge im Zusammenhang mit großtektonischen Erscheinungen ein metallogenetisches Schema zu entwerfen. Hierzu wurde, besonders von den Mitarbeitern des Instituts „WSEGEI", Moskau, sehr lebhaft Stellung genommen.

N. P. SEMENENKO führte in sehr praktischer Weise an Hand von Tabellen eine geochemisch-genetische Klassifikation metamorpher Vorgänge und Bildungen vor, und W. P. PETROW betonte in seinem Vortrag die allgemeine Notwendigkeit der Anwendung geochemischer Methoden zur Untersuchung magmatischer und metamorpher Prozesse.

N. J. CHITAROW sprach über Fragen der Petrogenese im Lichte experimenteller Dokumentation.

Von einem Kollektiv des IGEM wurde über die Bedingungen der Bildung der Intrusivgesteine in Granitformationen geringer Tiefen, über das Verhalten der Begleitelemente in ihnen und über die Kriterien des genetischen Zusammenhangs zwischen Erzbildung und Intrusivgesteinen berichtet.

Die speziellen Themen der Berichte über einige petrographische Forschungsgebiete innerhalb der Sowjetunion werden am Schluß dieses Beitrages veröffentlicht.

Auf dem Taschkenter Kongreß wurden weiterhin einzelne Spezialkolloquien durchgeführt. Erwähnt sei besonders das einen ganzen Nachmittag ausfüllende Kolloquium über die Frage der Genese der Granite. Hier war interessant, daß über die Anschauung der Transformisten einerseits sowie die Anschauung über die Entstehung der Granite aus dem Differentiat eines simatischen Ursprungsgesteins andererseits lebhaft diskutiert wurden.

Ferner ist ein mineralogisches Kolloquium zu nennen, in dem Prof. WOLINSKIJ ein Referat über praktisch verhältnismäßig einfach anzuwendende exakte Methoden zur mathematisch-zahlenmäßigen Bestimmung der Farb- und Lichtwerte von Erzmineralien unter dem Erzmikroskop hielt. Durch Anwendung eines optischen Keils ist man in der Lage, exakte Verfahren zur Bestimmung der einzelnen Erzmineralien zu benutzen.

Für die nach der Tagung durchgeführten Exkursionen wurde ein gedruckter Exkursionsführer ausgegeben, in dem sämtliche Exkursionen gründlich beschrieben sind. Es wurden Exkursionen in das bekannte Erzgebiet bei Almalyk, 60 km südlich von Taschkent, durchgeführt und hierbei die großen Lagerstätten von Kurgaschin-Khan, Kalma-Kjir und Altin-Topkan besucht. Eine andere Route führte zu dem jurassischen Braunkohlenvorkommen von Angrei mit den dort auftretenden feuerfesten Tonen fraglicher Entstehung. Weitere Fahrten wurden in die Gebiete von Leninabad und Sarmakand, quer durch den Tienschan, unternommen. Dabei waren u. a. die verschiedenen magmatischen Intrusionen und die sehr schön zu beobachtenden aufeinanderfolgenden magmatischen Phasen Gegenstand der Betrachtungen. Des weiteren sind die damit zusammenhängenden Skarnlagerstätten und porphyrischen Lagerstätten zu nennen, die teilweise aufgesucht wurden. Kleine Gruppen fuhren außerdem noch in das Gebiet von Kirgisien.

Zusammenfassend ist zu sagen, daß die Tagung dem ausländischen Besucher einen ausgezeichneten Überblick über den hohen Stand der petrographischen und lagerstättenkundlichen Forschung in der Sowjetunion vermittelte. Die vom Minister für Geologie ANTROPOW in seiner Eröffnungsrede gestellten Aufgaben für die Petrographen der Sowjetunion und der durch den Kongreß gebotene Überblick über die riesigen, durch systematische Arbeit gefundenen Lagerstätten der verschiedensten Bodenschätze im Gesamtraum der UdSSR wurden durch die Fachvorträge und die damit verknüpften Diskussionen in eindrucksvoller Weise erläutert.

Hervorzuheben ist weiterhin die überaus große Gastfreundschaft, die allen ausländischen Gästen vom Präsidenten der Akademie der Wissenschaften der Usbekischen Sozialistischen Sowjetrepublik und von den usbekischen Petrographen entgegengebracht und von den Ausländern mit großer Dankbarkeit empfunden wurde.

*

Auf dem II. Petrographischen Allunionskongreß der Sowjetunion vom 19.—23. Mai 1958 in Taschkent, über welchen Prof. Dr. KAUTZSCH vorstehend berichtet, wurde über einzelne petrographische Forschungsgebiete innerhalb der Sowjetunion in Sektionssitzungen eine große Anzahl von Vorträgen gehalten.

Um unseren Lesern eine Übersicht über die dort behandelten Aufgaben und Probleme zu geben, bringen wir nachfolgend eine Auswahl von Themen und die Namen der Berichtenden. In den nächsten Heften unserer Zeitschrift werden wir von einigen der wichtigsten Beiträge Besprechungen veröffentlichen.

POLOWINKINA, I. A. (WSEGEI): Über geologische Gesetzmäßigkeiten in der Entwicklung des Magmatismus auf dem Gebiet der UdSSR.

KUSNEZOW, E. A. (Moskauer Staatliche Universität): Derzeitiger Stand der Erkenntnis über die Natur basischer und saurer Magmen.

SCHACHOW, F. N.: Über die Entstehung der Granitmagmen und der Erzlagerstätten.

JELISSEJEW, N. A.: Petrologie und Entstehung der Metalle ultrabasischer und basischer nickelführender Intrusionen der Kola-Halbinsel.

IWANOWA, T. N. (WSEGEI): Gesetzmäßigkeiten in der Entwicklung des unterpaläozoischen Magmatismus der beweglichen Zonen der Erdkruste am Beispiel von Tuwa.

KUSNEZOW, W. A.: Gesetzmäßigkeiten in der Entwicklung des Magmatismus in Faltengebieten am Beispiel des Altai-Gebirges.

BESPALOWA, W. F.: Der herzynische Magmatismus Zentralkasachstans.

SCHAIMANN, J. M.: Einige Merkmale in der Evolution des Magmatismus der Faltenzonen.

SUDOWIKOW, N. G.: Über Beziehungen zwischen Vererzung und Intrusionen.

KRATZ, K. O.: Über Fragen zur Palingenese und Granitentstehung im Präkambrium und der damit verbundenen endogenen Mineralisationen.

RADKEWITSCH, E. A.: Über die Beziehungen zwischen Zinnlagerstätten, polymetallischen Zinnlagerstätten und Magmatismus.

FAWORSKAJA, M. A.: Über Beziehungen zwischen endogener Vererzung und effusiven Gesteinen.

SERGIJEWSKJ, W. M. (WSEGEI): Magmatismus und Metallogenese im Ural.

MOLDAWANZEW, J. E. (WSEGEI): Besonderheiten des intrusiven Magmatismus im polaren Teil des Urals.

PRONIN, A. A.: Wichtigste Etappen bei der Bildung tektonischer Strukturen und magmatischer Tiefengesteine im Ural.

OWTSCHINNIKOW, L. N. & N. D. SNAMENSKJ: Über granitische Intrusionen mit kontaktmetasomatischer Vererzung im Ural.

POSPELOW, G. D.: Über morphogenetische Zoneneinteilung der Lage von Intrusivgesteinen in bezug auf die Bildung von kontaktmetasomatischen Lagerstätten.

RAWITSCH, M. G.: Magmatismus des Faltengebietes von Taimyr.

PINUS, G. W.: Magmatismus der Anfangsetappen bei der Entwicklung der Kaledoniden des Faltengebietes von Altai-Sajan.

PETROW, W. P.: Beziehung der Nichterz-Bodenschätze zum Magmatismus und ihre Bedeutung für Theorie und Praxis.

BERNADSKAJA, L. G.: Paläozoischer Vulkanismus der Ukrainischen SSR.

USSENKO, I. S.: Die Granite des Ukrainischen kristallinen Schildes.

RADIONOW, S. P.: Die Genese der Charnockite der Ukraine.

TWALTSCHRELIDSE, G. A.: Gesetzmäßigkeit beim Auftreten magmatischer Gesteine und Erzbildungen in verschiedenen Stadien der magmatischen Zyklen des Kaukasus.

SCHURKIN, K. L.: Magmatismus des Archaikums am nordwestlichen Teil des Weißen Meeres.

LEBEDEW, A. P.: Hybridisationsprozesse und ihre Rolle bei der Bildung basischer und hypoabyssischer Intrusionen in Plattformen.

ISAMUCHAMEDOW, I. M.: Die Rolle der Assimilationsprozesse bei der Petrogenese.

BABAJEW, K. L.: Einige Besonderheiten bei pegmatitischen Bildungen Mittelasiens.

LURJE, M. L. & W. L. MASAITIS (WSEGEI): Magmatismus der Sibirischen Tafel.

BELOW, I. W.: Junge magmatische Bildungen im Baikalgebiet und das Problem der vulkanischen Zyklen.

KALIK, A. M.: Über den genetischen Zusammenhang zwischen Zinnvererzung und vulkanischen Gesteinen am Beispiel der Lagerstätte des Kleinen Chingan.

MATERIKOW, M. P. (WIMS): Über einige Unterschiede in den Beziehungen zwischen Kassiterit-Sulfid-Lagerstätten und Intrusionen am Beispiel des Küstengebietes.

GRATSCHEWA, O. S. (WSEGEI): Die Verbindung der endogenen Mineralisation mit dem Magmatismus am Beispiel einiger Lagerstätten im Nordosten.

SOBOLJEW, N. D. (WIMS): Petrologie der Intrusionen des Neogens im Nordkaukasus.

SCHIPULIN, F. I.: Einige allgemeine Züge in der Geschichte der Intrusionen und der Vererzung im südöstlichen Küstengebiet, im Gebiet von Syrjanow und im Altai-Erzgebirge.

HAMIDOW, M. H.: Magmatismus und Erzbildung im südlichen Tjienschan und Pamir.

BORODAJEWSKAJA, M. B.: Einige petrologische Besonderheiten der goldhaltigen magmatischen Gesteine und Typen der mit ihnen verbundenen Golderzlagerstätten.

MOSKALEWA, M. W. (WSEGEI): Über die Genese einiger Gabbro- und hyperbasischer Gesteine im Ural.

MENJAILOW, AN. N.: Das Kimberlit- und Trapp-Magma und die damit verbundenen Komplexe der Mineralisation.

MORKOWKINA, W. F. (IGEM): Über die Besonderheiten des metamorphen Gabbro am Beispiel der Gabbro-Peridotit-Formation des polaren Urals.
RABKIN, M. I.: Die Kimberlite des nördlichen Teils der Sibirischen Tafel (Flußbecken des Olenek) und die Frage ihrer Genese.
BAGDASARMJAN, G. P., TATEWOSJAN, T. SCH.: Alkali-Eruptivgesteine der Armenischen SSR.
BUTAKOWA, E. L. & G. G. MOOR: Ultrabasische und Alkaligesteine des nördlichen Randes der Sibirischen Tafel und deren gegenseitige genetische Beziehungen.
WOLOTOWSKAJA, N. A.: Karelo-Kola'sche petrographische Provinz ultrabasischer, Alkali- und karbonatischer Gesteine.
GINSBURG, A. I. (WIMS): Typen von Lagerstätten seltener Metalle, die genetisch mit verschiedenen Intrusivkomplexen verbunden sind.
SLOBIN, B. I.: Einige Fragen zur Differentiation von Alkali-Magma am Beispiel der Intrusion der Sandyk-Berge (Nord-Kirgisien).
KUCHARENKOW, A. A., ORLOWA, M. P. (WSEGEI): Einige Fragen zur Petrologie unter- und mittelkaledonischer ultrabasischer und Alkali-Massive der Kola-Halbinsel.
MONITSCH, W. K.: Die Alkali-Eruptivgesteine Kasachstans.
POSHARIZKAJA, L. K. & J. B. LAWRENEWA (WIMS): Ein neuer Typ der Intrusionen in Ost-Sajan.
ZAROWSKJ, I. D.: Mariupolitisation und damit verbundene Vererzungsprozesse.
KORTUSSOW, M. F.: Über nephelinhaltige Gesteine des nordwestlichen Teiles des Kusnezker Altai.
APELZIN, F. R. (WIMS): Kleine Intrusionen im goldführenden Gürtel im NO der UdSSR.
BULYNNIKOW, A. J.: Kleine Intrusionen und Gesteinsgänge (Dykes) des Kusnezker Alatau und Salair und deren Rolle bei der Erzführung.
SARIDSE, G. M.: Über einige metasomatische Gesteinsgänge (Dykes) und kleine Intrusionen im Kaukasus.
PETERSILJE, I. A.: Kohlenwasserstoffgase der Intrusivmassive des zentralen Teiles der Halbinsel Kola.
SHARIKOW, W. A. (IGEM): Reaktionserscheinungen im magmatischen und postmagmatischen Stadium bei der Bildung von Skarnerzlagerstätten.
GOWOROW, I. N.: Physikalisch-chemische Besonderheiten der Greisenbildung bei Karbonatgesteinen.
MASLENNIKOW, W. A.: Physikalisch-chemische Besonderheiten beim Kristallisationsprozeß von Granit.
SOKOLOW, W. A.: Untersuchung metasomatischer Prozesse durch Vergleich der pH-Werte der Minerale.
BELEWZEW, J. N. & A. I. STRYGIN: Klassifikation hypogener metasomatischer Bildungen und die Genese der Eisenerze von Kriwoi Rog.
SHUKOW, G. S. & R. I. SIROSCHTAN: Stadien der Metamorphose von Tonerdegesteinen der silikatischen Eisen-Formationen des Ukrainischen kristallinen Schildes.
STEINBERG, D. S.: Die Rolle einiger metamorpher Vorgänge bei der Bildung basischer und ultrabasischer Gesteine des Urals an Hand neuer Unterlagen.
IWANOW, S. I.: Einige Fragen zur Metamorphose der erzführenden vulkanischen Schichten der Kieslagerstätten am Beispiel des Urals.
WERTUSCHKOW, G. I.: Granitisation der Eisenquarzite der östlichen Kontaktzone des Uraler Granitmassivs.
MIROSCHNITSCHENKO, L. A.: Bor-Metasomatose in den verschiedenen Etappen des Magmatismus Zentralkasachstans.
SMORTSCHKOW, I. E.: Zusatzelemente granitischer Gesteine des Kuraminsker Bergrückens in Zusammenhang mit der Lösung petrogenetischer und metallogenetischer Fragen.
TAUSSON, L. W. (GEOCHI): Seltene Elemente als Indikator von Differentiationsvorgängen im Magma.
RABINOWITSCH, A. W. (WSEGEI): Gesetzmäßigkeiten bei der Verteilung akzessorischer Minerale in den verschiedenen granit-metallogenetischen Zonen.
TUROWSKIJ, S. D.: Die Bedeutung der Untersuchung akzessorischer Minerale und chemischer Elemente zur Lösung einiger theoretischer und praktischer Fragen.
BELIKOW, B. N.: Die elastischen Eigenschaften der Gesteine.
SALESSKIJ, B. W.: Porosität als eine der wichtigsten physikalischen Eigenschaften der Gesteine.
JEFIMOW, F. N. (WNIGRI): Erfahrungen bei der Untersuchung der quantitativen Abhängigkeit der magnetischen Suszeptibilität verschiedenartiger magmatischer und metamorpher Gesteine vom Gehalt ferromagnetischer Minerale.
ROSANOW, J. A. & I. S. DELIZYN: Einige Ergebnisse der Untersuchungen des Einflusses der hohen Drücke auf die Struktur der Gesteine.

Anschließend an die Sektionssitzungen fand als Abschluß noch eine Plenartagung statt, auf welcher die folgenden Vorträge gehalten wurden:

ABDULLAJEW, CH. M.: Der Magmatismus und die damit zusammenhängenden metallogenetischen Prozesse in Mittelasien.
KARPOWA, E. D. (WSEGEI): Intrusiv- und Erzkomplexe in tektonischen Zonen des südlichen Tienschan.
ELJUTIN, D. N., KONJUK, A. A., KNAUF, W. I., NOSYREW, I. W., & K. D. POMASKOW,: Intrusivkomplexe des nördlichen Tienschan.
BARATOW, R. B.: Besonderheiten des Magmatismus und der Entstehung der Metalle von Zentraltadshikistan.
POLKANOW, A. A. & E. K. GERLING,: Die Kalium-Argon-Methode zur Bestimmung des absoluten Alters und des Alters des Präkambriums des östlichen Teils des Baltischen Schildes.
AFANASJEW, G. D.: Einige Daten über den Stand der Untersuchung des absoluten Alters der Gesteine und ihre geologische Deutung.
DIMITROW (Bulgarien): Magmatismus und Metallogenese in Bulgarien.
KAUTZSCH, E., Berlin: Über den permischen Vulkanismus in Mitteldeutschland und damit verknüpfte Buntmetallagerstätten.
SMULIKOWSKI (Warschau): Probleme bei der genetischen Klassifikation der Granite.

Lesesteine

Wann wird England von China überholt?

Das „Neue Deutschland" vom 20. 6. 1958 veröffentlichte einen Artikel seines Pekinger Korrespondenten LUTZ ZEMPELBURG unter dem Titel: „Wann ist England überholt?" Wir entnehmen daraus u. a. folgendes:

Die Industrieproduktion Volkschinas konnte in den ersten fünf Monaten des Jahres 1958 gegenüber dem gleichen Zeitraum des Vorjahres um rund 30% gesteigert werden. Wenn man die Zuwachsrate der chinesischen Industrie in den Monaten April und Mai 1958 mit rund 46% als Durchschnittsziffer für die nächsten sieben Monate annimmt, was durchaus realistisch ist, so erscheint sogar eine 35- bis 40prozentige Erhöhung der Jahresproduktion im Vergleich zu 1957 nicht ausgeschlossen. Da die gewaltigen Investitionen 1959 zum Teil oder voll wirksam werden, wird das Entwicklungstempo in der Industrie und Landwirtschaft im nächsten Jahr noch wesentlich beschleunigt werden können.

Als im November 1957 die Kommunistische Partei zum ökonomischen Wettbewerb mit Großbritannien aufrief, betrug der mengenmäßige Rückstand der chinesischen Stahlindustrie noch 54 Jahre. In diesem Jahr werden jedoch bereits weit über 7 Millionen Tonnen Stahl, dies bedeutet eine Steigerung um 35 %, erwartet. In Großbritannien wird 1958 die Stahlerzeugung infolge der krisenhaften Erscheinungen kaum 21 Millionen Tonnen erreichen.

Den Kern der chinesischen Stahlindustrie bilden die Werke in Anschan. Der Aufbau der neuen Stahlzentren in Wuhan und Paotow dürfte in Westeuropa kaum seinesgleichen haben. Außerdem werden fünf mittlere Stahlwerke mit einer durchschnittlichen Jahresleistung von etwa einer Million Tonnen auf- bzw. ausgebaut. Die Kapazität allein dieser acht Werke wird im Jahre 1962 mindestens das Zwei- bis Dreifache der gesamten chinesischen Stahlerzeugung von 1957 betragen.

In 24 Provinzen Volkschinas werden gegenwärtig zehntausend kleine bis mittlere Hochöfen mit einem Volumen von 3—250 Kubikmeter errichtet. Sie werden in den nächsten 12 Monaten einen Zuwachs der Jahreskapazität von 20 Millionen Tonnen Roheisen bringen. Somit wird die Stahlproduktion 1962 40—50 Millionen Tonnen betragen und die britische Stahlindustrie noch in diesem Planjahrfünft überholt werden können.

Der Vorsprung der britischen Kohlenförderung gegenüber China wird voraussichtlich schon im kommenden Jahr völlig zusammenschmelzen. Nach den Plänen wird Volkschina 1958 180 Millionen Tonnen Kohle fördern und im nächsten Jahr einen Zuwachs von 60 Millionen Tonnen erreichen. Die junge Volksrepublik wird Ende 1959 den dritten Platz in der Kohlenförderung hinter der Sowjetunion und den USA einnehmen. Doch auch den zweiten Platz werden die Vereinigten Staaten nicht lange halten können.

Um den Vorsprung in der britischen Elektroenergieerzeugung aufzuholen, sind noch große Anstrengungen erforderlich. Die Einholung Großbritanniens auf diesem Gebiet soll in zehn Jahren, also noch im dritten Fünfjahrplan, geschehen. Es ist jedoch ein bedeutend schnelleres Wachstum wahrscheinlich. Im vierten Planjahrfünft ist der Bau eines Riesenkraftwerkes am Jangtse vorgesehen, dessen Jahresleistung die gesamte derzeitige Elektroenergieerzeugung Großbritanniens weit übersteigen wird.

Die chinesische Zementproduktion wird 1958 über 8 Millionen Tonnen betragen. Am Ende dieses Planjahrfünfts wird sie die britische Produktion weit übertroffen haben, die 1956 13 Millionen Tonnen erreichte.

In der Erzeugung von Düngemitteln, Schwefelsäure, synthetischen Fasern und Antibiotika wird Großbritannien ebenfalls in den nächsten fünf Jahren überholt werden. 1962 will China 15—20 Millionen Tonnen chemische Düngemittel herstellen. Die britische Produktion betrug dagegen 1955 nur etwa 3,5 Millionen Tonnen. Der Minister für chemische Industrie der Volksrepublik China sprach sogar von der Möglichkeit, in der gleichen Zeit auch die amerikanische Düngemittelproduktion zu überschreiten. Die USA erzeugten 1957 etwa 28 Millionen Tonnen und würden bei einem Jahreszuwachs von 5% 1962 knapp 36 Millionen Tonnen Düngemittel erzeugen.

Ende des laufenden Planjahrfünfts wird Volkschina mehr Schwefelsäure erzeugen als Großbritannien und Westdeutschland im Jahre 1957 zusammen. Die chinesische Produktion von synthetischen Fasern übersteigt dann die westdeutsche Vorjahresproduktion um mehr als das Fünffache.

Der ökonomische Wettstreit der jungen Volksrepublik China mit Großbritannien ist ein historischer Beitrag des chinesischen Volkes zur Stärkung des sozialistischen Weltsystems und zum ökonomischen Sieg des sozialistischen Weltlagers über das Lager des absterbenden Kapitalismus.

DRESSEL

Profitrate des internationalen Erdöl-Konsortiums[1])

Fünf amerikanische Erdölgesellschaften tätigen die größten Erdölgeschäfte außerhalb der USA. Es sind dies die „Standard Oil of New Jersey", „Socony Mobil Oil", „Standard Oil of California", „Gulf Oil" und „Texas Company". Die „Großen Fünf" der amerikanischen Gesellschaften bilden gemeinsam mit der britischen Gesellschaft „British Petroleum" und der britisch-holländischen Gesellschaft „Royal-Dutch-Shell" den Kern des bereits seit 30 Jahren bestehenden internationalen Erdölkonsortiums. Von den 297 Mio t Erdöl, die 1955 von den Unternehmen des Konsortiums außerhalb der Grenzen der USA gewonnen wurden, entfielen auf die amerikanischen „Fünf" 192,1 Mio t (64,7%), auf die „British Petroleum" 44,5 Mio t (15%) und auf die britisch-holländische „Royal-Dutch-Shell" 60,4 Mio t (20,3%). 84% des Erdöls, das 1955 im kapitalistischen Teil der Weltwirtschaft außerhalb der USA gewonnen wurde, wurde von den Mitgliedern des Konsortiums kontrolliert. Ende 1956 betrug die Gesamtsumme der amerikanischen privaten Kapitalinvestitionen 22,1 Mrd. Dollar, von denen 7,2 Mrd., das sind 32,9%, allein auf die Erdölgesellschaften entfielen. Diese Konzerne erzielten nach offiziellen Angaben von ihren Auslandsinvestitionen im Jahre 1956 einen Profit von 1,4 Mrd. Dollar oder 45% der Gesamthöhe der Profite von direkten Auslandsinvestitionen der USA. Dies bedeutet zugleich, daß die Erdölmonopole einen besonders großen Teil ihrer Profite gerade Auslandsoperationen verdanken. So erzielte z. B. die Gesellschaft „Standard Oil of New Jersey" 1956 rd. 73% aller ihrer Gewinne im Ausland.

Die märchenhaften Profite, die die amerikanischen Erdölmonopole aus ihren Auslandsoperationen ziehen, beeinflussen weitgehend die Außenpolitik der USA. Die Gesellschaften des internationalen Erdölkonsortiums kontrollieren fast vollständig die Erdölförderung im Nahen Osten und in Venezuela, deren Erdölfelder 1955 zusammen 276 Mio t ergaben.

[1]) aus „Die Wirtschaft" Nr. 31/30. Juli 1958.

Die ganze Bevölkerung — Gehilfe des Erkundungsgeologen

Fürsorgliche, fleißige Hände haben dieses kleine Paket versiegelt und es mit der Adresse der geologischen Verwaltung versehen. Wenige Tage danach kam das Paket in Irkutsk an. In einer Kartonschachtel lagen, sorgfältig in Papier eingewickelt, Handstücke heller bunter Tone — gelbe, strohgelbe, braune und purpurrote, leuchtend wie die untergehende Sonne. Eine bescheidene werktätige Einwohnerin des Alsamajer Bezirks bat in ihrem kurzen Brief die Irkutsker Geologen und Wissenschaftler, diese Tone, die sie in einem Brunnenschacht gefunden habe, zu untersuchen und ihr mitzuteilen, ob sie sich für industrielle Zwecke eignen.

Bald danach erhielten die Irkutsker Geologen ein weiteres Paket, diesmal aus dem Salariner Bezirk. Ein Mitarbeiter der örtlichen Konsumgenossenschaft berichtete erregt von seinem Fund und sprach die Vermutung aus, daß der kleine braune Klumpen, den er in einer Bergschlucht gefunden habe, nichts anderes als Eisenerz sein müsse.

Immer öfter gelangen nach Irkutsk solche Briefe und Sendungen. In den Briefen, die zuweilen von ungelenker Hand auf dem Blatt eines Schulheftes geschrieben sind, übermitteln sowjetische Werktätige den Forschern wichtige Angaben, bieten ihre Hilfe an und geben Ratschläge. Die Geologen sortieren und analysieren die erhaltenen Mitteilungen sorgfältig und unterziehen sie einer gründlichen wissenschaftlichen Überprüfung und Untersuchung.

Die Briefe der Bevölkerung, die Zusendungen und Mitteilungen sind die „ersten Vorboten" eines großen geologischen Feldzuges zur Erforschung der Naturreichtümer, zur Erkundung und Entdeckung von Bodenschätzen. Der geologische Feldzug begann auf Initiative der Komsomolorganisation[1]) des Gebiets. Die wertvolle Initiative der Jugend wurde von den Parteikomitees in hohem Maße unterstützt. Das Büro der Irkutsker Gebietskomitees der KPdSU hat in einem Beschluß die Bezirkskomitees, die Stadtkomitees der KPdSU, die Parteigrundorganisationen sowie die Komitees des Komsomol verpflichtet, sich an die Spitze dieser Arbeit zu stellen und den Teilnehmern des Feldzuges allseitige Unterstützung zukommen zu lassen.

[1]) Der kommunistische Jugendverband der Sowjetunion.

Mit jedem Tage gewinnt diese gute und volkstümliche Sache an Umfang und Schwung. Am geologischen Feldzug beteiligen sich die Gewerkschafts-, die Komsomol- und Pionierorganisationen[2]), die Kollektive der Industriebetriebe, der Baustellen, der Kolchosen und Staatsgüter, der MTS und technischen Ausbesserungsstationen sowie der wissenschaftlichen Forschungsinstitutionen, die Studenten der Hochschulen und technischen Lehranstalten, Schüler, Jäger und Mitarbeiter der Forstwirtschaftsbetriebe.

Auf der Karte des weiten Irkutsker Gebiets ist die Marschroute des Feldzuges eingezeichnet. Sie umfaßt 30 Bezirke des Gebiets, verläuft über die Bergrücken und Wasserscheiden des Östlichen Sajan, über das Baikal-Patom-Plateau und den Süden der Sibirischen Tafel.

Viel Wertvolles kann sich dem aufmerksamen Auge des Feldzugteilnehmers an diesen wenig erforschten Stellen erschließen. Der sibirische Boden birgt reiche Vorkommen an Steinkohle, Eisenerz, Glimmer, Salz, Bunt- und seltenen Metallen. Es sind bereits bedeutende Eisenerzlagerstätten entdeckt worden, die als Grundlage für die Errichtung eines großen Kombinats dienten; ferner wurden Vorkommen an feuerfesten Tonen und Rohstoffen für die chemische Industrie sowie andere Bodenschätze entdeckt.

Die wachsende Industrie des Gebiets macht eine weitere Erschließung von Rohstoffvorräten dringend erforderlich. In dem Merkbuch, das jedem Teilnehmer des geologischen Feldzuges ausgehändigt wird, sind die Hauptmerkmale der Bodenschätze angegeben und die Methoden zu ihrer Auffindung dargelegt. Zusammen mit den geologischen Instrukteuren begeben sich die Expeditionsteilnehmer auf die Suche nach Eisen- und Buntmetallen, nach Kokskohlen, Erdöl, Diamanten, Graphit, Gips und Kalksteinen.

Viel zu tun haben in diesen Tagen die Bezirks- und Stadtkomitees, die die operative Leitung der geologischen Erkundungsaktionen innehaben. Die Mitglieder der Kommissionen, denen Vertreter der Partei-, der Sowjet-, der Komsomol-, Gewerkschafts- und örtlichen geologischen Organisationen und Institutionen angehören, führen eine Aufklärungskampagne unter den Werktätigen durch, machen diese mit den einfachsten Suchmethoden auf Bodenschätze bekannt, errichten geologische Aufklärungspunkte und Ausstellungen. Das Gebietskomitee der Partei hat eine Gebietskommission für den geologischen Feldzug gebildet, an deren Spitze der Sekretär des Gebietskomitees, B. E. SCHTSCHERBINA, steht. Der Kommission gehören angesehene Irkutsker Wissenschaftler und Geologen sowie Vertreter der gesellschaftlichen Organisationen des Gebiets an.

Der geologische Feldzug hat begonnen. Die ersten Schürftrupps haben sich auf den Weg gemacht, der sie über Waldpfade und Gebirgspässe führt. Im Januar des kommenden Jahres soll die Bilanz der geleisteten Arbeit gezogen werden. Den Siegern im sozialistischen Wettbewerb werden rote Wanderfahnen überreicht. Die Besten unter den Teilnehmern des Feldzuges erhalten als Auszeichnung Ehrenurkunden des Gebietskomitees der KPdSU und des Gebietskomitees des Komsomol, das Ehrenabzeichen „Dem aktiven Teilnehmer des geologischen Feldzuges" sowie wertvolle Geschenke und Geldprämien.

Den Teilnehmern des geologischen Feldzuges alles Gute auf den Weg!

(Aus der „Prawda", Moskau, vom 29. 6. 1958)

Eine Sehenswürdigkeit der rumänischen Erdölindustrie

Einem Bericht von Dr. KISIELOW, der im „Nafta", Nr. 6/1957, über die rumänische Erdölindustrie erschienen ist, entnehmen wir den folgenden Abschnitt über einen alten Erdölförderschacht:

„Der Förderschacht in Sereta Monteoru wurde vor 70 Jahren von Franzosen nach dem Muster eines ähnlichen Schachtes im Elsaß als Versuchs-Förderschacht erbaut. Es sollte die mengenmäßig mögliche Erdölförderung aus dem zu den Ölfeldern Berca gehörenden Horizont festgestellt werden. Der Schacht fördert täglich etwa 800 kg leichtes paraffinfreies Erdöl, das nach der Förderung durch Rohrleitungen

[2]) Kommunistische Kinderorganisation.

nach Ploesti gepumpt wird. Der Förderbetrieb besteht aus einem Schacht von 240 m Teufe und 3 m Durchmesser, in den man mit einem Förderkorb in ein Galeriesystem einfährt, das aus einer Hauptstrecke von 800 m Länge und 2 m Höhe besteht, von der Abzweigungen (Gänge) zu dem erdölführenden Sandsteinhorizont führen. Die Gänge besitzen ein Gefälle in Richtung zum Zentralbrunnen (von 9 m Teufe und 2 m Durchmesser), in das Erdöl aus Kanälen, die auf der Gangsohle angelegt sind, hineinfließt. Aus dem Zentralbrunnen wird das Erdöl mittels einer Tiefenpumpe zur Oberfläche heraufgepumpt. Gegenwärtig ist der Ölhorizont auf Galerietiefe schon fast ganz erschöpft und der größte Teil des Erdöls wird aus einem tiefer liegenden Horizont mittels 11 Schächten, die vom Galerieniveau abgeteuft wurden, bei Anwendung sekundärer Förderverfahren („Airlift") durch diese Bohrlöcher ausgebeutet. Das auf solche Weise geförderte Erdöl fließt durch das Kanalsystem der Gänge in den oben erwähnten Zentralbrunnen ab." E.

Besprechungen und Referate

LÜTGENS, R.

Die Produktionsräume der Erde

„Erde und Weltwirtschaft", Bd. 2, 2. neubearb. u. erw. Aufl., 119 Abb., 91 Tab. u. 45 Abb. a. Tafeln, Franckh'sche Verlagsbuchhandlung. Stuttgart 1958.

Unter dem Titel „Erde und Weltwirtschaft" sind in der Franckh'schen Verlagsbuchhandlung, Stuttgart, Handbücher der Allgemeinen Wirtschaftsgeographie erschienen.

Der Autor gibt mit seiner Arbeit einen Überblick über die großen Produktionsräume, die er in A) Land- und B) Meeresräume unterteilt. Diese wiederum sind untergliedert in Gebiete, die durch klimatische Faktoren gekennzeichnet sind. Eine solche Darstellung ist insofern neu, als sie von der bisherigen Betrachtung der Räume als „Kornkammern" oder „Industrielandschaften", also einer „Produktionsgeographie", die „im wesentlichen Produktenkunde" ist, abweicht.

Der Autor ist darüber hinaus bestrebt, „den Menschen als Träger der Wirtschaft in der vielfachen Differenziertheit nach seiner Art und in seiner Umwelt weit stärker in den Vordergrund zu rücken". Es ist richtig, daß die Notwendigkeit, den Menschen und seine Umwelt in einer ökonomisch-geographischen Abhandlung zu berücksichtigen, betont wird. Aber RUDOLF LÜTGENS verfährt nicht entsprechend dieser Notwendigkeit. Primär an seiner Betrachtungsweise sind die klimatischen Faktoren. Die Produktionsräume sind bei ihm klimatische Räume. Diese Methode der Darstellung ist deshalb nicht neu, weil alle bürgerlichen Wirtschaftsgeographen den natürlichen Bedingungen die entscheidende Rolle beimessen.

Diese Methode der Unterschätzung der gesellschaftlichen Verhältnisse führt zu falschen Schlußfolgerungen. Man vergleiche zum Beispiel die Darstellung der Wirtschaft der Sowjetunion und der Volksrepublik China. Die Sowjetunion gehört nach LÜTGENS' Einteilung zu den „Mittelbreiten", China zum „subtropischen Übergangsgebiet". Auf Grund dieser verschiedenen Klimagebiete müssen — nach seiner Meinung — die politischen und wirtschaftlichen Verhältnisse verschieden sein. Er konstruiert Gegensätze, die nicht vorhanden sind. In beiden Ländern wird auf sozialistische Weise produziert; mit der Beseitigung der Ausbeutung des Menschen durch den Menschen ist die Grundlage für eine krisenfreie Wirtschaft gegeben. Das ist ausschlaggebend für den ökonomischen Charakter beider Länder, und darin unterscheiden sie sich grundsätzlich von jedem anderen, kapitalistisch produzierenden Land, ganz gleich, ob es den „Mittelbreiten" oder den „Subtropen" zugerechnet wird.

Bezeichnend für die fehlerhafte Grundkonzeption des Ganzen sind die Untersuchungen der wirtschaftlichen Verhältnisse der Sowjetunion, die im wesentlichen falsch dargestellt sind. LÜTGENS behauptet zum Beispiel, die „nur aus strategischen Gründen während des Krieges erfolgte Ostverlegung zahlreicher wichtiger Industrien" werde nicht fortgesetzt. Entweder hat der Autor den Sinn der sozialistischen Planung nicht erfaßt, oder die Vorteile dieser Planung passen nicht in seine politische Konzeption. Es gibt in dem Gebiet, das LÜTGENS unter „Ostgebieten" versteht, fünf ökonomische Bezirke (Ural, Westsibirien, Ostsibirien, Ferner Osten und Mittelasien mit Kasachstan), die komplex, d. h. allseitig entwickelt werden (Schwer- und Leichtindustrie). Darüber hinaus hat jeder Bezirk eine spezielle Aufgabe im Rahmen der Gesamtwirtschaft der UdSSR, wobei u. a. auch die klimatischen Bedingungen eine Rolle spielen. Auch in den „Ostgebieten" wird eine leistungsfähige Industrie aufgebaut.

Zu der wissenschaftlich falschen Darstellung kommt eine dem Buch abträgliche Tendenz, die Erfolge und die Bedeutung der sozialistischen Länder zu ignorieren. Das kommt darin zum Ausdruck, daß die Angaben sowjetischer Statistiken prinzipiell angezweifelt werden, daß die im Anhang gegebenen Tabellen bewußt ungünstig für die Sowjetunion zusammengestellt sind u. a. m. Die DDR wird als wirtschaftlich bedeutungslos dargestellt, obwohl sie in der Industrieproduktion Europas an fünfter Stelle steht. Daß die DDR z. B. die größte Braunkohlenförderung der Welt hat, „vergißt" der Autor anzugeben.

Reichliches, übersichtlich geordnetes und methodisch gut verteiltes Kartenmaterial soll die Argumentation des Autors stützen. Dieses Material ist jedoch nicht zuverlässig, da es auf unrichtige und tendenziöse Statistiken aufbaut.

In seinem Schlußwort stellt LÜTGENS die Frage der Zukunft. Darin, daß „z. B. das Weltangebot an Weizen gegenwärtig die Nachfrage übertrifft", liege „das Weltwirtschaftsproblem überhaupt". Diese Nachfrage nach Weizen ist jedoch nur relativ, denn das hungernde Indien hat auch keine „Nachfrage" nach Weizen. Der Autor fährt weiter richtig fort: „Es darf nicht in einem Lande Hungersnot herrschen, während in einem anderen Lebensmittel verbrannt werden." Aber dieses Problem kann nicht dadurch gelöst werden, daß an das gute Gewissen der Kapitalisten appelliert wird, wie es RUDOLF LÜTGENS tut. Man muß die Ursache dafür erklären. Mit einer einwandfreien wissenschaftlichen Darstellung der Produktionsräume der Erde hätte RUDOLF LÜTGENS dazu beitragen können.

E. SCHMIDT

EMERY, K. O.

Flache, untergetauchte marine Terrassen von Südkalifornien

Bulletin of the Geological Society 9 of America, Vol. 69, No. 1 pp. 39—60, 13. Figs. 1 Pl.

Untergetauchte marine Terrassen werden seit einiger Zeit mit den eustatischen Schwankungen des Meeresspiegels während des Pleistozäns in Verbindung gebracht. Die Erforschung dieser interglazial eingeschnittenen Terrassen auf den heutigen Kontinentalschelfen ist in den Jahren nach 1940 fast überall in der Welt intensiv betrieben worden. K. O. EMERY berichtet über seine Untersuchungen an der Küste von Südkalifornien und gibt einen Überblick über die Forschungsergebnisse aus der übrigen Welt.

Das Küstenvorland von Südkalifornien ist entsprechend der internationalen Nomenklatur als „Continental Borderland" anzusprechen, dessen Kontinentalschelf nur an vier Stellen 7,5 km Breite überschreitet. Durch einzelne Mulden und Becken von diesem schmalen Kontinentalschelf getrennt, liegen Inseln und Bänke mit eigenen Schelfen. Beide, Kontinentalschelf und Inselschelfe, weisen Terrassen auf, die zueinander in ganz bestimmter Abhängigkeit stehen. Die Terrassen der Inselschelfe liegen, wie aus Tabelle 1 zu entnehmen ist, generell tiefer als die des Kontinentalschelfes.

Tabelle 1. Terrassen vor der Küste von Südkalifornien. Tiefenangaben in Fuß

Terrasse	Hauptland und küstennahe Inseln	Küstenferne Inseln und Bänke	Unterschiede
1	30?	50?	20
2	80	125	45
3	160	245	85
4	255	345	90
5	290	430	140

Diese Terrassen sind keineswegs auf allen Meßprofilen gefunden worden. Terrasse 4 wurde jedoch am häufigsten angetroffen. An einigen Stellen ist sie mit der Schelfkante identisch. Da diese größtenteils einen ungleichmäßigen Verlauf nimmt und zwischen scharfer Kante und sanftem Umbiegen schwankt, wird oft auch die Außenseite der Terrasse 5 als Schelfkante angesehen.

Neben den 5 Hauptterrassen gibt es unregelmäßige Terrassenfragmente und terrassenähnliche Gebilde beiderseits der Schelfkante, also auch auf dem Kontinentalhang. Die Terrasse 1 hat an vielen Stellen der Ozeane ihr Gegenstück (Pazifik: Hawaii Inseln, New-Hebriden, Bikini- und Eniwetok-Atoll, Marshall Inseln, Japan, Guam etc. Atlantik: Trinidad, Bahama Inseln, Bermuda Inseln, Bänke vor der Küste von Texas, Indik: Persischer Golf.) Die tieferen Terrassen der Schelfe sind weniger gut bekannt. Erkundungen zwischen Japan und um Korea stellten 9 Terrassen bei 15, 65, 100, 195, 330, 460, 750, 1150 und 2620 Fuß Wassertiefe fest. Die Auswertung von Seekarten aller Ozeane durch amerikanische Wissenschaftler gibt die Lage der Terrassen in den Weltmeeren generell bei 45, 95, 155, 205, 260 und 300 Fuß Tiefe an. Der Schelf von Westaustralien zeigt Terrassen in 30, 70, 150, 210, 330, 360, 450, 510, 570 und 600 Fuß Wassertiefe. Neueste japanische Messungen zwischen Honshu und Hokkaido entdeckten Terrassen in 65, 140, 230, 280, 310, 360 und 460 Fuß Tiefe. Zusammenfassend kann die weltweite Verbreitung von Terrassen auf den Schelfen in folgenden Tiefenbezirken angenommen werden: 45—65, 80—125, 170—205, 230—280, 300—350 und 430—460 Fuß.

Die Datierung der einzelnen Terrassen ist schwierig. Es bestehen zwei grundsätzliche Meinungen. Die eine geht von der Annahme aus, daß die 5 Hauptterrassen den jeweiligen tiefsten Wasserstand der einzelnen Eiszeiten repräsentieren. Die andere Ansicht ist die, daß die Terrassen bei den verschiedenen Verzögerungen im Anstieg des Meeresspiegels am Ende der letzten Eiszeit eingeschnitten worden sind. Die Anzahl der Hauptterrassen (5) hilft auch nicht weiter, da es sowohl 5 Haupteiszeiten, als auch 5 Vorstöße während der Wisconsineiszeit gegeben hat. K. O. EMERY kommt zu dem Schluß, daß die Schelfbreite durch Abrasion während verschiedener Eiszeiten, daß hingegen die Terrassen während kleinerer, hintereinanderfolgender, eustatischer Tiefstände des Meeresspiegels der Wisconsineiszeit entstanden sind.

Neben den Terrassen auf den Schelfen kommen solche bis 1000 Fuß über dem Meeresspiegel vor. Ihre Herkunft ist eustatisch nicht zu erklären, sondern es wird ihre Lage durch diastrophische Bewegungen zu beweisen versucht. Ähnlich verhält es sich mit Terrassen, die sehr tief unter dem heutigen Meeresspiegel jenseits der Schelfkante liegen. Die meisten dieser Terrassen sind nicht älter als Mittel- bis Spätmiozän, da sie in derartig alte Schichten quer eingeschnitten sind. Die extrem hohen und tiefen Terrassen müssen ja auch viel älter sein als die auf den Schelfen. Entsprechend der beiden oben beschriebenen Grundansichten sind die extremen Terrassen entweder im Pliozän oder mittel- bis frühpleistozän entstanden.

EMERY meint, daß die Erforschung der submarinen Terrassen wegen ihres besseren Erhaltungszustandes gegenüber der oberhalb des Meeresspiegels gelegenen, zu bevorzugen ist. Eine Ausdehnung der Untersuchungen auf die Randmeere der Ozeane erscheint notwendig. Die Ergebnisse solcher Forschung dürften die gesamte Quartärforschung wesentlich bereichern.

GROBA

STAHMER, A. M.

Westholland — eine neue europäische Ölprovinz

„Erdöl", Wien 1958, S. 99—102

1957 wurden zwischen Den Haag, Gouda und Dordrecht 4 neue Ölvorkommen erschlossen, womit sich die seit 1953 entdeckten Erdölfelder auf 12 erhöhten. Zusammen mit dem ostholländischen Feld Schoonebeck deckt die holländische Ölförderung etwa ein Viertel des Inlandbedarfs.

Das 1956 erschlossene Feld Ijsselmonde liegt am südöstlichen Stadtrand von Rotterdam. Die übrigen Vorkommen, ihre Strukturen und ihre Produktionsbedingungen werden beschrieben. Die Förderung der letzten 5 Jahre entwickelte sich folgendermaßen:

Erdölförderung der Niederlande 1953—1957 in t

Westholland	1953	1954	1955	1956	1957
Andel	–	300	500	–	–
Alblasserdam	–	–	–	–	1600
Berkel	–	1100	2800	4200	3500
Delft	–	4100	2400	2900	1600
De Lier	–	–	1500	10200	54100
Ijsselmonde	–	–	–	1600	25100
Moerkapelle	–	–	–	–	800
Monster	–	–	–	–	200
Pijnacker	–	–	11200	36500	64400
Ridderkerk	–	–	–	–	5100
Rijswijk	2500	8400	39800	53500	69300
Wassenaar	–	–	–	25900	51400
Zoetermeer	–	–	–	–	10700
	2500	13900	58200	134800	287800
Ostholland:					
Zweelo	–	100	–	–	–
Schoonebeck	817400	923000	964000	959500	1233700
	819900	937000	1022200	1094300	1521500

Die beigefügte Karte zeigt die Lage der bisher erkundeten westholländischen Erdölfelder.

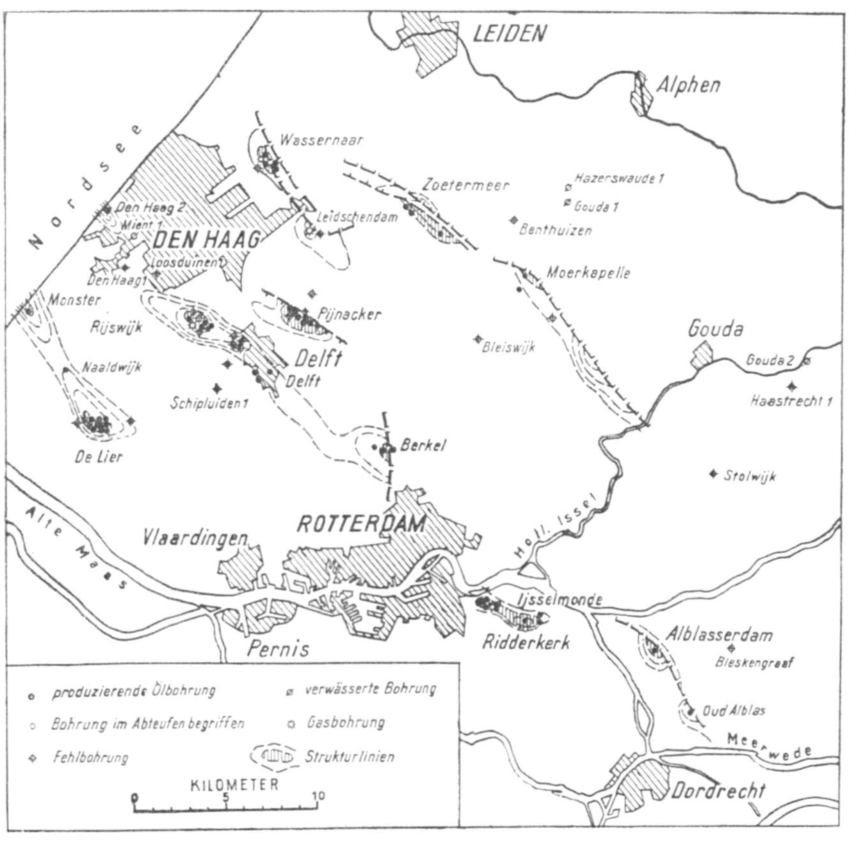

Erdölfelder in Westholland (nach STAHMER 1958)

DÜWEL, G.

Hamburgs Gruppengasversorgung arbeitet im Verbund mit der Erdölindustrie

Zeitung für kommunale Wirtschaft, München, April 58, S. 9

Die Gaswerke Hamburgs geben im Jahr 410 Mio m^3 Heizgas ab. Rohkohle wird mit einem Wirkungsgrad von 85% in sekundäre Energie umgewandelt. Um den späteren Bedarf zu decken, übernehmen die Hamburger Gaswerke 75 Mio m^3 Raffineriegas pro Jahr. Dies wird in einem kontinuierlich arbeitenden katalytischen Spaltverfahren mit Luft und Dampf unter einem Druck von 8 atü zu Stadtgas normaler Qualität umgewandelt. Der Umwandlungsfaktor beträgt 1:1,5. Die Spaltanlage erzeugt 400000 m^3 Stadtgas pro Tag und wird von 2 Mann pro Schicht bedient. Sie wird vollautomatisch gefahren. Ihr Wirkungsgrad beträgt 96%. In einer 2. Spaltanlage wird Erdgas zu Stadtgas gespalten. Die Anlage steht in Boostedt bei Neu-Münster. Ihre Tagesleistung beträgt 60000 m^3. Das Erdgas wird von den Erdgasfeldern Plön-Boostedt-Barmstedt bezogen. Es fällt bei der Entspannung der gasreichen Rohöle an. Zur Spaltung wird ein Gemisch von Erdgas, Wasserdampf und Spaltluft verwendet. Das erzeugte Wassergas wird nach Durchlauf der Apparatur mit weiterem Erdgas zu Stadtgas aufkarburiert.

E.

Neft i prirodnyj gas Ukrainy

Gastoptechisdat, Moskau 1957

In der kleinen, von einem Autorenkollektiv herausgegebenen Schrift wird eine kurze aber recht erschöpfende Übersicht über die ausgedehnten Erdölfelder bzw. höffigen Gebiete der Ukraine gegeben. Wie die nachfolgende schematische Skizze zeigt, treten in der Ukrainischen Republik drei große zusammenhängende Höffigkeitsgebiete auf.

Die wichtigste Entdeckung der letzten Jahre ist die Feststellung des ausgedehnten nordöstlichen Gebietes und die Aufschließung von Erdöl- und Erdgasvorkommen in der Umgegend von Charkow, Poltawa und Dnjepropetrowsk. In allen drei Höffigkeitsgebieten versprechen die Erkundungsarbeiten das Auffinden neuer Erdöl- und Erdgasvorkommen. Die besten Perspektiven für eine Erhöhung der Erdölförderung ergeben sich nach dem derzeitigen Stand der Erforschung für die Dolinsker und für die Bitkowsker Erdöllagerstätte (Karpatenvorland). Für Erdgas liegen die Schwerpunkte außer bei den bekannten Gaslagerstätten des Karpatenvorlandes noch bei dem Gasvorkommen von Schebelinsk (etwa 70 km südöstlich von Charkow).

Die Erdgasförderung ist in diesen Gebieten bedeutend schneller gestiegen, als angenommen wurde, und sie wird bereits am Ende des 5. Fünfjahrplanes die 4,5fache Höhe der Förderung von 1956 erreicht haben.

E.

Erdgas- und erdölhöffige Gebiete der Ukraine
1. Ostkarpaten 2. Nordost-Ukraine (Dnjepr-Don-Gebiet) 3. Schwarzmeer-Krim

R. FRITZ

Grundlagen und Entwicklung des chinesischen Kohlenbergbaus

Glückauf, 21/22, S. 714–727

Die Verfasserin hat das ihr vorliegende Literatur- und Nachrichtenmaterial eingehend bearbeitet und eine tabellarische Übersicht über die geographische Lage und die Ausdehnung der Lagerstätten, die Kohlenqualität, die Vorräte und Jahresförderungen sowie über die Verkehrsverhältnisse und Hauptabnehmer von ca. 40 Kohlenvorkommen gegeben. „Sicher ist, daß Chinas Kohlenvorräte nicht nur groß sind und leicht abgebaut werden können, sondern auch weit verstreut anstehen. Mit Ausnahme von Schanghai gibt es nur wenige Großstädte ohne Kohlenvorkommen in unmittelbarer Nähe". Eine gute Übersichtskarte veranschaulicht diese Tatsache.

„Angesichts des bereits Erreichten, der eifrigen und erfolgreich betriebenen Suche nach weiteren Kohlenvorkommen und die große Zahl der z. Z. noch im Aufschluß befindlichen Gruben, sowie auch die Tatsache, daß die Investitionen im 2. Fünfjahrplan noch weiter erhöht werden sollen, dürfte das für 1962 gesetzte Förderziel von 200 Mio t — darin stimmen alle Beobachter überein — durchaus keine Utopie sein".

Über die Entwicklung der chinesischen Kohlenförderung ab 1946 bringt die Verfasserin folgende Übersicht.

Die Entwicklung der Kohlenförderung Chinas bzw. der Chinesischen Volksrepublik einschließlich der Mandschurei (in 1000 t)

1946	15010
1949	30984
1950	40900
1951	53800
1952	63528
1953	66572
1954	79928
1955	93300
1956	105300
1957	124182
1958 (geplant)	180000
1962 (z. Z. geplant)	210000
1967 (z. Z. geplant)	230000

Soweit wir übersehen können, dürften die für 1962 und vor allem die für 1967 angegebenen Zahlen bei weitem übertroffen werden.

Infolge ihrer Studien ist die Verfasserin über den gegenwärtigen Stand der Lagerstättenforschung und die geologische Fachausbildung in China zu folgender Ansicht gelangt:

„Die Lagerstättenforschung, die im alten China von nur 200 bis 250 verstreut und unabhängig voneinander arbeitenden Geologen betrieben wurde, hat nach 1949 und insbesondere im ersten Fünfjahrplan einen gewaltigen Auftrieb erhalten. Neben den Angaben über Einzelerfolge, die in der Übersicht über die chinesischeu Kohlenreviere enthalten sind, gibt hierüber CHEN YU-CHI[1]), der Chefingenieur der technischen Abteilung des Ministeriums für Geologie der Chinesischen Volksrepublik, einen zusammenhängenden Überblick. Nach seinen Angaben waren 1957 im Rahmen der verschiedenen zuständigen Ministerien fast 200000 Kräfte, davon 7000 an Universitäten und Technischen Hochschulen ausgebildete Geologen, angesetzt, um bekannte Lagerstätten systematisch zu untersuchen. Allein von 1953 bis 1957 wurden neben der Ausführung chemischer Analysen, der Anlegung von Schürfgruben,

[1]) CHENG YU-CHI: Die Lagerstättenforschung während des ersten chinesischen Fünfjahrplanes, Bergbautech. 8 (1958), Nr. 1, S. 45–46 (s. a. Zeitschr. f. angew. Geologie 4 (1958), H. 7, S. 347).

-stollen und -schächten 10 Mill. Bohrmeter geteuft. Die Ergebnisse dieser Arbeiten spiegeln sich in der Angabe des vom Geologischen Amt der Staatlichen Plankommission zu Anfang dieses Jahres veröffentlichten Berichtes, daß im Laufe des ersten Fünfjahrplanes 32,5 Mrd. t abbaufähiger Kohlenvorkommen entdeckt worden seien.

Zur bergbaulichen Fachausbildung standen 1953 über 200 Lehranstalten zur Verfügung. Außerdem haben einige Universitäten Bergbaufakultäten eingerichtet. Darüber hinaus sind besondere Bergbauinstitute gegründet worden. Um eine möglichst große Zahl von Bergleuten zu erfassen, hat man Fachkurse auf den Gruben, eine große Zahl von Bergbauschulen in den Revieren, fünfjährige Lehrgänge für erwachsene Bergleute und 200 Baugewerbeschulen eingerichtet. 1949 und 1950 haben 41000 bzw. 59000 Bergleute an solchen Kursen teilgenommen".

Diese Zeilen der westdeutschen Verfasserin bestätigen, daß der Elan, mit dem unsere chinesischen Freunde an die Aufschließung ihrer weit ausgedehnten Kohlenlagerstätten herangehen, zu großen Erfolgen innerhalb des sozialistischen Lagers führen werden.

WEBER, L.

Die Reduzierung von Eisenerzen mittels Erdölprodukten

Erdöl und Kohle, H. 4/1958, 11. Jg. S. 241

Die immer spürbarer werdende Lücke zwischen der Roheisen- und Stahlerzeugung und der Versorgung mit Hüttenkoks hat die westeuropäische Montanunion veranlaßt, $1^1/_2$ Mio Dollar für Forschungen bereitzustellen, die Möglichkeiten suchen sollen, den Verbrauch an Hüttenkoks zu reduzieren.

Der Verfasser untersucht nun, welcher Brennstoff — außer Hüttenkoks — den wärmetechnischen und metallurgischen Anforderungen bei der Roheisenerzeugung gerecht wird. Er kommt zu dem Ergebnis, daß diese Anforderungen einzig und allein vom Erdöl sowie einigen seiner flüssigen und gasförmigen Derivate erfüllt werden, die dazu noch in den meisten Industrieländern reichlich und verhältnismäßig billig zur Verfügung stehen.

Die Verfahren der Rohstahlerzeugung werden jedoch grundlegend andere, da die bisherigen Hochofenbetriebe dafür nicht geeignet sind. Diese neuen Methoden sind daher speziell für die Erweiterung der Roheisenerzeugung gedacht. Bei diesen neuen Verfahren wird metall. Eisen nicht in Form von Roheisen, sondern als Eisenschwamm erzeugt, der dann seinerseits in den normalen Stahlöfen als Beschickung dienen kann.

Der Verf. beschreibt ein Verfahren, in dem das Erz mit sogen. Wärmeträgern, die vorher mit jedem beliebigen Erdölerzeugnis erhitzt wurden, vermischt und mit Reduktionsmitteln — ebenfalls Erdölerzeugnisse — versetzt wird. Besonders bei Feinerzen beträgt die Reduktionszeit nur einige Minuten, so daß große Durchsatzleistungen erzielt werden können.

Nach diesem neuen Verfahren werden pro Tonne Eisenschwamm nur rd. 0,4 t Erdölprodukte benötigt, während bei einem Hochofenbetrieb nach Faustformel rd. 1 t Koks für die Erzeugung von 1 t Roheisen benötigt werden.

Hinzu kommt bei diesem neuen Verfahren der Vorteil, daß man infolge der geringeren und besser zu transportierenden Mengen von Erdölprodukten schon einen Teil des Erzes direkt auf der Erzgrube in metall. Fe überführen kann.

BC.

PFRUNDER, V. R. & H. SCHWANDER

Die quantitative spektrochemische Bestimmung der Hauptkomponenten von Mineralien der Zementindustrie

Zement-Kalk-Gips Bd. *10* (1957), S. 394—398

Mit einem 1,5 m Gitterspektrographen von BAUSCH & LOMB, der sehr lichtstark ist und eine lineare Dispersion von 7,5 Å/mm in der II. Ordnung aufweist, bestimmen die Verfasser nach einer eigenen Methode die Hauptkomponenten der Zementrohmaterialien und des Zementklinkers quantitativ.

Die gepulverte Analysensubstanz wird nach JAYKOX mit Kupferoxyd und Graphit verdünnt, wobei das Kupferoxyd als Innerer Standard und als Puffer dient. Die Anregung erfolgt anodisch im Gleichstrom-Kohledauerbogen bei 10 Ampere. Besonders profilierte Spektralkohlestäbchen sollen ruhigen Abbrand garantieren. 7-Stufen-Spektrogramme auf Kodak-Spektralfilm Nr. 1 werden nach einem modifizierten Auswertverfahren von STORCK und KVALHEIM ausgewertet. Die tabellarisch zusammengestellten Analysenergebnisse von Materialien der Zementindustrie zeigen eine verblüffend gute Übereinstimmung zwischen den gravimetrisch und spektrographisch gefundenen Werten für SiO_2, Al_2O_3, Fe_2O_3, CaO und MgO. Der Standardfehler der spektrographischen Methode soll kleiner sein als der der gravimetrischen. Das läßt sich allerdings verstehen, wenn man in Tabelle 1 die bei der Untersuchung von „Rohmehl" ungewöhnlich hohen relativen Fehler für die gravimetrische Analyse von 14,4% für Al_2O_3; 15,9% für Fe_2O_3 und 24,5% für MgO betrachtet. Der Zeitaufwand für eine Gesamtanalyse beträgt ca. 2 Stunden gegenüber 1—2 Tagen für eine gravimetrische Untersuchung.

Über die Ergebnisse der quantitativen spektrochemischen Analyse von Silikaten ist in den letzten Jahren schon von einer Anzahl Autoren berichtet worden. Sie untersuchten mit besonders entwickelten Methoden erfolgreich Stoffe von in sich gleichmäßiger chemischer und mineralogischer Zusammensetzung z. B. Hochofenschlacken, Tone, Eruptivgesteine, Gläser, Schamotten auf ihre Hauptbestandteile. Voraussetzung hierfür ist die Ausarbeitung eines jeweils für eine Serie von Analysen geeigneten Arbeitsverfahrens, das gewöhnlich einen hohen Aufwand an Zeit und Arbeit erfordert. Erfahrungsgemäß lassen sich diese speziellen Verfahren mit einer durchschnittlichen Genauigkeit von bestenfalls $\pm 3\%$, bezogen auf den jeweiligen Gehaltswert, ausführen. Da diese Reproduzierbarkeit innerhalb aller Konzentrationsbereiche gilt, lassen sich die Elemente mit höchsten Gehalten, dazu gehören in Silikaten Si und meist Al, am wenigsten genau bestimmen. Der Kieselsäuregehalt eines Gesteines mit 70% SiO_2 kann daher nur im Bereich von 67,9 bis 72,1% SiO_2 angegeben werden. Diese Genauigkeit ist jedoch für manche technischen und alle wissenschaftlichen Zwecke, z. B. für petrographische Berechnungen, nicht ausreichend.

Man kann erwarten, daß sich die Genauigkeit der quantitativen Spektralanalyse von Silikaten noch weiter erhöhen läßt, wenn nicht mehr spektrographisch, sondern spektrometrisch bzw. röntgenspektrometrisch mit direkt anzeigenden photoelektrischen Geräten nach dem Prinzip des Quantometers gearbeitet wird.

OTTEMANN

FINCK, K. H.

Der Assuan-Damm wird ausgeschrieben

Bohrtechnik-Brunnenbau (Berlin), Heft 1, 1958, S. 27—28

Die ägyptische Regierung beabsichtigt, in Kürze mit der Errichtung des Assuan-Dammes zu beginnen. Die Baukosten werden auf 3 Milliarden DM geschätzt.

Nach dem vorliegenden Entwurf erhält die Staumauer eine Länge von etwa 5 Kilometer und eine Höhe von etwa 100 Meter. Das Bauwerk soll als atombombensicherer, flach geböschter Steingerölldamm von 1292 Meter Fußbreite ausgeführt werden.

Nach dem vorliegenden Längsschnitt besteht der bodennahe Untergrund im örtlichen Bereich des Assuan-Dammes von 0 bis 40 Meter unter Flur als Fein- und Mittelsand, anschließend bis 150 Meter unter Flur aus Grobsand mit Schluffschichten. Als Liegendes folgen bis 200 Meter unter Flur verfestigter Schluff und feinkörniger Sandstein.

Zur Erhöhung der Tragfähigkeit dieses Untergrundes zwecks Aufnahme des gewaltigen Druckes des Steingerölldammes wird eine Verdichtung des Untergrundes durch Tiefenrüttler herbeigeführt. Weiterhin werden aus gleichem Grund auf breiter Front zahlreiche Zement-Injektionen bis zu 200 Meter unter Flur in den sandigen und schluffhaltigen Boden vorgenommen.

Der Assuan-Damm wird rund 140 Milliarden Kubikmeter Nilwasser anstauen, also 1000 mal soviel Wasser wie die Möhnetalsperre. Bei Einsatz modernster Maschinen und Mitarbeit von 20000 Menschen rechnet man mit einer Bauzeit von 8 bis 10 Jahren.

VIEWEG

Nachrichten und Informationen

XXI. Internationaler Geologenkongreß in Kopenhagen 1960

In der Zeit vom 15.—25. 8. 1960 findet in Kopenhagen der XXI. Internationale Geologenkongreß statt. Der Kongreß wird von den Geologen der skandinavischen Länder veranstaltet und sieht neben einem 10tägigen Vortragsprogramm zahlreiche geologische Exkursionen nach Grönland, Island, Norwegen, Schweden und Dänemark vor.

In der Deutschen Demokratischen Republik hat sich das Vorbereitende Nationale Komitee für diesen Kongreß konstituiert. Bekannte Wissenschaftler der Staatlichen Geologischen Kommission, der Universitäten und Hochschulen unserer Republik, die Mitglieder dieses Nationalkomitees sind, beginnen unter Leitung des Vorsitzenden der Geologischen Gesellschaft in der DDR, Herrn Prof. Dr. WEHRLI, Greifswald, mit den Vorarbeiten zu dieser bedeutenden Fachtagung, um in Kopenhagen durch Vorträge über neue wissenschaftliche Erkenntnisse und durch Vorlage neuen geologischen Kartenmaterials über den Stand der geologischen Wissenschaft in der Deutschen Demokratischen Republik vor der internationalen Fachwelt berichten zu können.

Die Sibirische Wirtschaftskonferenz

Im August 1958 fand in Irkutsk eine von über 2000 Delegierten besuchte Wirtschaftskonferenz statt, um die Richtung der wissenschaftlichen und technischen Arbeiten und Aufgaben zur Entwicklung der Produktivkräfte während der nächsten 15 bis 20 Jahre festzulegen.

Im Siebenjahrplan von 1959—1965 sollen in Westsibirien zwei Hüttenwerke und in Ostsibirien eines gebaut werden. Zusammen mit dem Werk von Karaganda in Kasachstan werden die Betriebe eine Produktion von 15—20 Mio t Roheisen gewährleisten. So wird die dritte Hüttenbasis der Sowjetunion neben den Industriegebieten in der Ukraine und dem Ural entstehen.

I. P. BARDIN, Vizepräsident der Akademie der Wissenschaften der UdSSR, gab in der „Prawda" vom 25. 8. 1958 u. a. folgendes bekannt:

„Auf der Konferenz zur Entwicklung der Produktivkräfte Ostsibiriens wurde fast einmütig dafür gestimmt, daß sich der Ort der vorrangigen Schaffung des dritten Zentrums der Hüttenindustrie am Baikalsee befinden soll. Es wurde der Vorschlag gemacht, ein großes Hüttenwerk in der Nähe der Bahnstation Taischet im Gebiet Irkutsk zu schaffen. Erz können die Gruben von Korschunowo und Rudnogorsk in dem an Eisenerzvorkommen überaus reichen Gebiet des Ilim-Pit liefern. Die Kokskohle wird in der ersten Zeit aus dem Kusbaß herangeschafft werden, später soll die Kohle aus örtlichen Vorkommen verwendet werden.

Weiter wird es für zweckmäßig gehalten, die Eisenmetallurgie in der Region Krasnojarsk[1]) zu entwickeln. Von diesen Vorposten aus wird man dann weiter nach Osten vordringen, in das Gebiet hinter dem Baikalsee. Danach wird man die Reichtümer Südjakutiens erschließen, wo gutes Erz unmittelbar neben guter Kohle vorhanden ist, und auch das Gebiet Tschita, das ebenfalls günstige Bedingungen aufzuweisen hat."

„Die wasserreichen ostsibirischen Flüsse mit ihrem großen Gefälle gestatten die Anlage von riesigen Kraftwerkskaskaden, die man hier billiger und schneller bauen kann als im europäischen Teil der UdSSR. Überdies bieten die geologischen Bedingungen die Möglichkeit, Steinkohle und Braunkohle im Tagebau zu fördern. Dadurch ist die Kohle bedeutend billiger als Öl und nur um ein geringes teurer als Erdgas. So wird der Strom, den hier errichtete Wärmekraftwerke liefern könnten, in der Erzeugung kaum teurer als der von Wasserkraftwerken erzeugte sein. Die Kopplung solcher Wärmekraftwerke mit Wasserkraftwerken ist die Grundlage für die Entwicklung der Energetik dieses Gebietes."

„Die sibirische Natur bietet günstigste Voraussetzungen für die Entwicklung der Kohlechemie im großen Maßstab. Die Kohle Ostsibiriens ist nicht nur billig, sie gehört auch zu den jungen Sorten mit einem besonders hohen Gehalt an flüchtigen Bestandteilen, den Ausgangsstoffen für viele chemische Erzeugnisse."

Die kommende Industrialisierung Sibiriens wird schrittweise und planmäßig erfolgen. BARDIN gibt in dieser Hinsicht folgende Hinweise:

[1]) Die Region Krasnojarsk ist mit mehr als 7 Mio km² fast so groß wie die USA.

„Die erste Etappe der industriellen Entwicklung umfaßt die Rayons der Region Krasnojarsk und des Gebietes Irkutsk bis zum Baikalsee. Hier entstehen schon jetzt neue Industriezentren, die den Strom aus den Wasserkraftwerken an Angara und Jenissei, Kohle aus den Vorkommen von Kan-Atschinsk, Irkutsk und Minussinsk, Eisenerz aus dem Gebiet Irkutsk und dem Gebiet Krasnojarsk, NE-Metalle, Holz und andere Naturreichtümer ausnutzen werden. Die Erschließung dieser natürlichen Hilfsquellen bedeutet ein weiteres Vorrücken der sozialistischen Industrie nach dem Osten, über den Baikalsee hinaus — in das Gebiet des Fernen Ostens.

Das Gebiet Sibiriens ist sehr groß. Für die industrielle Erschließung und die Entwicklung einer intensiven Landwirtschaft ist der südliche Teil am besten geeignet. Unter Südsibirien versteht man gewöhnlich das Gebiet, das 200 bis 300 km südlich und nördlich der transsibirischen Eisenbahn liegt. Allein diese Zone der vorrangigen wirtschaftlichen Erschließung erstreckt sich vom Ural bis zum Fernen Osten auf einer Fläche von etwa 3—4 Mio km².

Die industrielle Erschließung wird nicht nur den Süden, sondern auch nördlichere Breiten erfassen. Weiter im Norden aber wird sie begrenzt sein und sich nur auf jene Reichtümer konzentrieren, die in anderen Gegenden mit günstigeren Bedingungen fast gar nicht vorhanden sind. Jakutische Diamanten, Nickel, Kobalt, Platin aus Norilsk und Holz von den Ufern der Angara sind eine gute Grundlage für die Industrie.

Die komplexe Methode — das ist das Entscheidende bei der Ausnutzung der Naturreichtümer Sibiriens. Nur so kann man an das Problem der Eisenerzgruben im Süden der Region Krasnojarsk herangehen, deren Erze neben Eisen auch noch Zink, Kobalt, Schwefel und seltene Elemente enthalten. Eine komplexe Ausnutzung verlangen auch die Buntmetallerze im Gebiet Tschita, die Nepheline des Kusnezker Ala-Tau und die Sillimanitschiefer der Burjat-Mongolischen ASSR.

Wir leben in einer Zeit der wissenschaftlich-technischen Revolution, in einer Zeit, da neue Energiequellen, neue Kunststoffe und neue Methoden zur Einwirkung auf den Ausgangsstoff entdeckt werden. Die Einführung der neuen Technik, die für das Land so außerordentlich große Bedeutung besitzt, ist für Gebiete wie Ostsibirien besonders wichtig.

In der Kohle- und Erzindustrie muß der Tagebau soweit wie möglich entwickelt werden, in der Kohleindustrie besonders der hydraulische Abbau. Die neuen technischen Mittel und Verfahren müssen bei der Anreicherung und Aufbereitung aller Bodenschätze in großem Maße angewandt werden. Für die Kohle des Irkutsker Beckens mit ihrem starken Asche- und Schwefelgehalt ist die Zentrifugalaufbereitung und die Aufbereitung in schweren Suspensionen von besonderer Wichtigkeit. Bei der Verarbeitung von Erzen sollte das Rösten in der Wirbelschicht möglichst weitgehend eingeführt werden. In der chemischen Industrie sollte man neben neuen technischen Mitteln und neuen Katalysatoren auch Methoden der Strahlungstechnik anwenden. Gerade in Ostsibirien müßte der Elektrohochofenprozeß praktisch eingeführt werden, vor allem für die Verhüttung von Ilmeniten und Titan-Magnetiten.

Sibirien ist ein Land, das in fast unübersehbaren Mengen die verschiedenartigsten Bodenschätze besitzt. Versuche, alle oder doch fast alle Bodenschätze gleichzeitig zu verwerten, führen jedoch unweigerlich zu Zersplitterungen der Mittel und Kräfte. Aus diesem Grund ist die richtige Reihenfolge in der Ausnutzung der natürlichen Hilfsquellen das wichtigste Problem".

„Kusnezker Kokskohle ging früher nur in den Westen des Landes, jetzt wird sie auch nach dem Osten geliefert, in die Region Krasnojarsk und möglicherweise auch in das Irkutsker Gebiet. Große Mengen der Eisenerze des Autonomen Gebietes der Chakassen werden in den Hüttenwerken des Kusbaß verarbeitet. Dorthin werden auch die Eisenerze der Vorkommen an der Angara und am Ilim geliefert."

Der „Prawda" vom 11. 9. 1958 ist zu entnehmen:

„In Temir-Tau, in der Nähe der Stadt Karaganda, ist der Bau des Hüttenwerkes ‚Kasachstaner Magnitka' in vollem Gange, während bei Stalinsk im Kusnezk-Becken mit der Errichtung des westsibirischen metallurgischen Kombinats begonnen wurde. Zwei weitere Giganten der Hüttenindustrie werden in nächster Zeit bei Taischet (Irkutsker Gebiet) auf der Grundlage des Erzlagers Angara-Ilimsk und bei Barnaul, der Hauptstadt des Altaigebietes, in Angriff genommen. Die Hochöfen in Taischet werden das billigste Roheisen der UdSSR erzeugen.

Die in den letzten Jahren neuentdeckten Eisenerzlagerstätten werden nach ihrer völligen Erschließung eine Jahresproduktion von 60—70 Mio t Roheisen ermöglichen."

E.

Die mineralische Rohstoffbasis von Usbekistan

Der „romyschlenno-ekonomitschesakaja Gaseta" vom 16. 7. 1958 entnehmen wir, daß sich die Bruttoindustrieproduktion in Usbekistan in den nächsten 5—7 Jahren jährlich um etwa 10 bis 11% erhöhen wird. 1957 betrug der Anteil der chemischen Industrie am Gesamtproduktionsvolumen 2,6%; er wird sich in den kommenden Jahren verdoppeln. Vor allem wird sich der Anteil der Erdgasgewinnung, der Erdölförderung, der Erdölraffinage, des Maschinenbaus und der Baustoffindustrie erhöhen. Bedeutende Erdgas- und Erdölvorkommen sind seit längerem im Fergana-Tal bekannt und kürzlich bei Buchara aufgefunden worden.

Da bedeutende Vorräte an reinen Kalksteinen, Steinsalzen usw. zur Verfügung stehen, werden Betriebe für die Erzeugung von Kunstfasern, Kunstleder, Kunstseide (Azetat), Kunstwolle (Polynak) und Plasten geschaffen. Die Erzeugung von Seidengeweben unter Verwendung von Kunstfasern soll um das 7fache gesteigert werden. Ebenso wird die Produktion mineralischer Düngemittel und Schädlingsbekämpfungsmittel erhöht.

„In seinem Bericht auf der Jubiläumstagung des Obersten Sowjets der UdSSR wies N. S. CHRUSCHTSCHOW darauf hin, daß die Erdgasindustrie zurückbleibt. Dies gilt auch für Usbekistan. In der Wirtschaft der Republik wird das Erdgas sehr wenig genutzt, obwohl Usbekistan über sehr reiche Erdgasvorkommen verfügt. Für die Erdgasindustrie ergibt sich die Aufgabe, nicht nur die Entwicklung der chemischen Industrie zu sichern, sondern auch zahlreiche Städte der Republik mit Methan zu versorgen. Viele Großbetriebe und Kraftwerke werden sich von Kohle auf Erdgas umstellen. Die Republik wird auch die benachbarten Rayons Mittelasiens, Kasachstans und des Ural mit Methangas versorgen. Nach vorläufigen Berechnungen läßt sich die jährliche Erdgasförderung in den nächsten 5—7 Jahren auf 18 Mrd. m³ steigern."

Mit dem Bau der mehr als 600 km langen Erdgasleitung Dsharkak-Buchara-Samarkand-Taschkent ist begonnen worden.

„Hinsichtlich der Kupfervorkommen steht Usbekistan unter den Wirtschaftsgebieten des Landes an dritter Stelle. Außerdem befinden sich auf dem Gebiet der Republik Lagerstätten von Zink, Blei, Zinn, Wolfram und vielen anderen Buntmetallen. Die Errichtung des Kupfer- und Molybdän-Kombinats von Almalyk und des Blei- und Zink-Kombinats von Altyn-Topkan wird Usbekistan in der Produktion dieser Erzeugnisse auf eine der ersten Stellen in der Sowjetunion aufrücken lassen."

E.

Aus der Erdölwirtschaft Osteuropas

Unter diesem Titel werden im Monatsbericht Nr. 108 (Mai 1958) des österreichischen Creditanstalt-Bankvereins Tatsachen veröffentlicht, die deshalb besonders bemerkenswert sind, weil sie von einem kapitalistischen Finanzorgan mitgeteilt werden. Wir entnehmen diesem Bericht:

„Nachdem der Förderzuwachs der Sowjetunion in den beiden letzten Jahren 13 Mio t betragen hatte, scheint es den sowjetischen Fachleuten durchaus möglich, den Förderzuwachs auf 20 Mio t jährlich zu steigern.

Aus diesen Zahlen ist zu erkennen, daß der Aufschwung der sowjetischen Ölförderung erst in den letzten Jahren eingesetzt hat, nachdem neue ergiebige Lagerstätten entdeckt wurden. Vorher hatte man die Kohlenwirtschaft weit stärker gefördert, deren Produktion seit 1913 auf das Vierzehnfache anstieg (1956: 429 Mio t), jene der Erdölförderung aber nur auf das Neunfache ...

Die Sowjetunion, die bereits vor dem zweiten Weltkrieg erhebliche Ölexporte vornahm, beginnt daher wieder als Ölexporteur aufzutreten. Die zur Ausfuhr gelangenden Mengen sind keineswegs unbedeutend, nämlich (1956) rund 10 Mio t — davon 6,2 Mio t Produkte —, und es ist anzunehmen, daß die Ausfuhren in der nächsten Zeit weiter ansteigen werden. Die Sowjetunion hat daher für die europäischen, aber auch

Entwicklung der sowjetischen Ölförderung[1])

	Durchschnittl. Jahreszuwachs. in Mio t	in %	1% Zuwachs entspricht 1000 t
1. Fünfjahrplan (1929/32)	2,4	16,5	116
2. „ (1933/37)	1,4	5,9	214
3. „ (1938/40)	0,9	3,0	285
4. „ (1946/50)	3,7	14,3	194
5. „ (1951/55)	6,6	13,3	379
1956	13,0	18,4	708

[1]) Dostizenija sovetskoj vlasti za 40 let v cifrach (Errungenschaften der Sowjetmacht in 40 Jahren in Zahlen), Moskau 1957, S. 45.

verschiedene unterentwickelte Länder ein wichtiges Exportgut bereit, das auch im jüngsten Handelsvertrag mit der Bundesrepublik Deutschland angeboten wurde. In der westlichen Welt wird Island ebenso wie Finnland fast zur Gänze mit sowjetischem Öl versorgt, ferner sind Frankreich, Italien, Griechenland und natürlich auch Ägypten Abnehmer."

Nachdem auf die Fortschritte der Jahresförderung in Albanien (ca. 1 Mio t) und Bulgarien (ca. 250000 t) hingewiesen wurde, wird über die Entwicklung in Rumänien u. a. mitgeteilt:

„Rumänien erwartet auf Grund der bulgarischen Ergebnisse, daß es auch an oder südlich der Donau in seinem Staatsgebiet Öl erbohren kann, was seine Ölaussichten noch erheblich verbessern würde. Seine Förderung hat aber auch so bereits einen staunenswerten Aufschwung genommen, produzierte es doch 1957 bereits 11,9 Mio t, mehr als doppelt soviel wie 1950 (5,05 Mio t) und um 3 Mio t mehr als im besten Vorkriegsjahr (1936). Diese Erfolge sind das Ergebnis einer umfassenden Such- und Schürftätigkeit, da seine Bohrleistung 1956 897000 m (davon 65% Untersuchungs- und Erweiterungsbohrungen) erreichte ...

Der Ausbau der Petrochemie geht in Rumänien auf die Verwertung von Methan zurück, die kurz vor dem Ende des ersten Weltkrieges in dem damals noch ungarischen Siebenbürgen einsetzte (Beheizung einer Sodafabrik). Der Erdgasverbrauch Rumäniens ist sehr erheblich. Er übersteigt 4 Mrd. m³ jährlich und liegt damit etwa in der Höhe Italiens. Da die Siebenbürger Erdgasvorräte auf 300—400 Mrd. m³ geschätzt werden (mehr als zehnmal soviel wie in Österreich), wird sich der Erdgasverbrauch noch erhöhen. Im laufenden Fünfjahrplan sollen 2200 km Erdgashauptleitungen neu gebaut werden ...

Im allgemeinen zeigt die Wirtschaft der Oststaaten, von Rumänien abgesehen, noch einen verhältnismäßig geringen Einfluß von Öl und Erdgas auf die Energieversorgung, was zum Teil auch mit dem bisherigen Materialmangel für Bohrgeräte, Rohre und Tanklager, vor allem aber mit dem geringen Motorisierungsstand zusammenhängt. Eine sowjetische Darstellung zeigt für das Jahr 1955 folgende Unterschiede zwischen der Sowjetunion und den USA:

Deckung des Energieverbrauchs 1955[2])

	SU	USA
Kohle	70%	33%
Erdöl	22%	39%
Erdgas	2%	28%
Torf	6%	–

[2]) Quelle: Woprosi Ekonomiki 1958/2, S. 17.

Es gehört daher auch zu den langfristigen Perspektivplanungen, den Anteil von Erdöl und Erdgas an der Energieversorgung zu steigern, wodurch die Energiewirtschaft der Oststaaten bald ein anderes Bild aufweisen wird."

E.

Erdölreserven der UdSSR

Der Minister für Geologie erklärte, die Ölreserven haben sich in den letzten Jahren um das Fünffache erhöht. Rund 80% des Öls liege zwischen Wolga und Ural, wo z. Z. 100 Ölfelder und 250 höffige Bezirke vorhanden sind.

Rr.

Perspektive der französischen Erdölgewinnung

Die Erdölindustrieverbände Frankreichs veröffentlichten kürzlich einen Bericht über die Entwicklungsperspektiven dieser Industrie im französischen Mutterland und den Überseegebieten. Danach wird die Erdölproduktion, die 1957 im französischen Mutterland 1,6 Mio t betrug, im Jahre 1961 voraussichtlich 14 Mio t, davon 10,5 Mio t in Afrika und 3,5 Mio t im Mutterland erreichen, im Jahre 1965 sogar 32 Mio t, davon 25 Mio t in Afrika und 7 Mio t im Mutterland. Die Erdöleinfuhren, die sich gegenwärtig auf 25 Mio t belaufen, werden im Jahre 1961 voraussichtlich auf 23,5 Mio t und im Jahre 1965 auf 19 Mio t zurückgehen. Die Produktionskapazität der Raffinerien, die Anfang 1958 rd. 33 Mio t betrug, soll bis 1961 durch die Vergrößerung von 13 Raffinerien und den Bau einer neuen Raffinerie bei Ambès in der Girondemündung 42 Mio t und im Jahre 1965 bei günstiger Entwicklung 58 Mio t, davon 4 Mio t in Algerien, erreichen. Der französische Erdölverbrauch, der sich 1957 auf 18,7 Mio t belief, wird für 1961 auf 27,5 Mio t geschätzt. Die französische Tankerflotte soll bis auf 3,8 Mio t Tragfähigkeit gebracht werden.

E.

Ölbohrungen in den USA

1957 standen in den USA 562785 Bohrungen mit einer durchschnittlichen Tagesproduktion von 12,7 barrels (1 barrel = ca. 160 l) in Förderung. Die Erdgasproduktion erreichte im gleichen Jahr über 300 Mrd. m^3.

53838 Bohrungen waren 1957 niedergebracht worden. Ursprünglich hatte man mit über 60000 Bohrungen gerechnet. Von der Gesamtzahl waren 27476 ölfündig, 688 auf Kondensat fündig und 3912 gasfündig, während 20701 trocken blieben. Von den 11739 Aufschlußbohrungen mit einer Bohrmeterleistung von über 17 Mio m waren 14,2% fündig, und zwar 1172 auf Öl und 375 auf Gas.

E.

Ausbau der argentinischen Erdölindustrie

Der argentinische Präsident FRONDIZI teilte mit, daß europäische und amerikanische Konzerne, einschl. „Petrofina" in Belgien und „Pan-American International Oil Company" in USA, beabsichtigen, Hunderte von Ölsonden zu bohren. Die Sowjetunion sei bereit, Bohrausrüstungen und andere Ausrüstungen für die Erdölindustrie im Werte von 35 Mio Ł gegen argentinische landwirtschaftliche Produkte zu liefern. Es ist beabsichtigt, eine Fabrik für Erdölausrüstungen im Werte von 1,8 Mio Ł zu bauen. Der Präsident erklärte, das Haupthindernis für Argentinien sei die Abhängigkeit von der Einfuhr von Eisen- und Stahlprodukten. Er sprach von einer vollständigen Reorganisation der argentinischen Ölfelder-Gesellschaft Yaoimientos Petroliferos Fiscales, die das Hauptinstrument bei allen neuen Operationen sein wird. Es wird außerdem keinem Vertragspartner gestattet sein, irgendeinen Teil des Landes als Eigentum zu besitzen.

Angeblich besteht die Absicht, die argentinische Ölproduktion im Laufe der nächsten Jahre von gegenwärtig etwa 5 Mio t auf etwa 24 Mio t im Jahr zu erhöhen.

E.

Erdgas für Litauen und Lettland

Sowjetische Erkundungsarbeiten haben erhebliche Erdöl- und Erdgasstrukturen in Lettland und Litauen festgestellt. Wahrscheinlich ziehen sich die höffigen Gebiete bis Kaliningrad (dem früheren Königsberg) hin.

Für die Städte Riga, Vilnus und Kaunas, die bisher einen großen Teil ihres Heizmaterials über 2500 km Entfernung aus dem Steinkohlenbecken am Donez bezogen, wird demnächst an Ferngasleitungen gearbeitet, die diese Städte mit Erdgas versorgen sollen. Damit erhalten die wichtigsten Städte Litauens und Lettlands Ferngas aus der Ukraine, das von der großen Ferngasleitung Daschawa—Minsk abgezweigt wird.

1959 wird mit dem Verlegen der Ferngasleitung auf dem Abschnitt Baranowitschi bis Vilnius begonnen.

E.

Petrochemische Betriebe in Westdeutschland

Die Gesamtproduktion der petrochemischen Anlagen Westdeutschlands erreichte 1957 nach Angaben der Arbeitsgemeinschaft Erdölgewinnung und -verarbeitung 165000 t. Die Steigerung gegenüber dem Vorjahr beträgt rund 23%. Neben Kokereigas dienen Erdgas und Mineralölprodukte als Grundstoffe. Sie werden zum größten Teil über ungesättigte Kohlenwasserstoffe zu Kunststoffen, halogenhaltigen Lösungsmitteln, ein- und mehrwertigen Alkoholen usw. verarbeitet. Als petrochemische Werke bzw. petrochemische Abteilungen bei größeren Fabriken sind tätig: Die BASF in Ludwigshafen, die Farbwerke Höchst in Frankfurt, die Farbenfabrik Bayer in Leverkusen, die Rheinischen Olefinwerke in Wesseling, die Petrolchemie GmbH in Gladbeck-Zweckel, die Rähm Hass GmbH Darmstadt, die chemischen Werke Rheinpreußen in Moers und die chemischen Werke Hüls in Marl. In einigen der genannten Werke wurden die petrochemischen Anlagen schon bald nach der Aufnahme der Produktion erweitert, weil die Nachfrage das Angebot bedeutend überstieg. Eine neue Anlage für die Gewinnung petrochemischer Grundstoffe wird von der Esso AG im Zusammenhang mit dem Aufbau der Großraffinerie in Köln errichtet. Hier sollen leichte Benzine bei hohen Temperaturen in reaktionsfähige Olefine umgewandelt werden, die als Ausgangsmaterialien für weitere Produkte dienen.

E.

Die Chromerzförderung der Welt

Eine Übersicht von der Weltförderung an Chromerzen in den letzten drei Jahren gibt folgende Zahlentafel wieder.

Weltförderung an Chromerz von 1955 bis 1957 (in 1000 m/t)

	1955 [1])	1956 [2])	1957 [3])	Durchschnitt Cr_2O_3-Gehalt %
Sowjetunion	600	600	–	
Jugoslawien	–	119	122	
Albanien	144	–	–	
Türkei	644	832	–	48
Philippinen	595	708	710	44
Südafrikanische Union	542	626	748	45
Südrhodesien	407	407	664	48
USA	138	147	167	40
Kuba	77	60 [5])	80	–
Indien	71	54	–	48
Neukaledonien	46	49	64	52
Pakistan	28	18	–	50
Japan	27	40	–	36
Griechenland	25	79	–	40
Sierra Leone	21	20	–	42
Weltproduktion [4])	3365	3759	–	

[1]) Statistical Summary of the Mineral Industry 1950—1955 (London) Jg. 1957 und U. KROOS: Der kapitalistische Weltmarkt für Chromerz im Jahre 1956, Bergbautechnik 8. Jg (1958) Heft 3, S. 150/51.
[2]) Berichtigte Angaben für 1956 aus Statistical Summary of the Mineral Industry, 1951—1956 (London) 1958.
[3]) Vorläufige Angaben für 1957 aus Minig Journal, London, Metal Bulletin, London.
[4]) geschätzt.
[5]) vorläufig.

Hochwertige Chromerzvorkommen liegen hauptsächlich in Neukaledonien, Pakistan, Südrhodesien, Indien, in der Türkei und auf den Philippinen. Die drei zuletzt genannten Länder rechnen mit Vorkommen von je 2 Mio t. Die Vorräte der Südafrikanischen Union werden auf 40 Mio t und die der USA auf 10 Mio t veranschlagt. Die Erze sind mittelwertig. Die Chromerzreserven der Philippinen werden auf 60 Mio t geschätzt und sind niedriggradig.

Die Entwicklung der Chromerzförderung wird in hohem Maße von der Entwicklung der Stahlproduktion beeinflußt.

E. SIEGMUND

1. Ökonomische Konferenz der Staatlichen Geologischen Kommission

Am 4. 11. 1958 fand in Leipzig die 1. Ökonomische Konferenz der Staatlichen Geologischen Kommission statt. Im Mittelpunkt derselben standen die Referate des Herrn Minister WILLI STEINWAND und des Leiters der Staatlichen Geologischen Kommission, Herrn Dipl.-Berging.-Geol. FRIEDRICH STAMMBERGER, in welchen die bedeutenden Aufgaben der Staatlichen Geologischen Kommission und der ihr angeschlossenen Betriebe und Dienststellen bei der Realisierung der vom V. Parteitag der SED festgelegten Planziele dargelegt wurden. Die Konferenz übersandte eine Grußadresse an die zu gleicher Zeit tagende Chemiekonferenz in Halle. Über den Verlauf und die wichtigen Ergebnisse der Konferenz werden wir in den nächsten Heften unserer Zeitschrift berichten.

Die Redaktion

In den nächsten Heften

der

Zeitschrift für angewandte Geologie

erscheinen u. a. folgende Beiträge:

G. SCHULZE & H. SEYFERT: Der Bromgehalt an der Basis des Leinesteinsalzes und seine Beziehung zur Faziesdifferenzierung im Flöz Staßfurt

E. LANGE: Die Rohstofflage der Gaswirtschaft

J. KUHL & J. WIDAWSKA: Über das Auftreten von Spurenelementen in den Blei-Zinkerzen der Schlesisch-Krakauer Trias

G. PRATZKA: Zur Paragenese der Flußspat-Schwerspat-Lagerstätte Trusetal am SW-Rand des Thüringer Waldes

O. GEHL: Seekreide, ein wenig beachteter Rohstoff von örtlicher Bedeutung für Land- und Bauwirtschaft

R. HOHL: Zur Ausbildung der Geologie-Ingenieure

B. STEINBRECHER: Saalische Bewegungen im Ost- und Nordostharzvorland und ihre Bedeutung für den oberrotliegenden Sedimentationszyklus

W. NEUMANN: Die Bergwirtschaft in der Demokratischen Republik Vietnam

I. G. MAGAKJAN: Eine metallogenetische Weltkarte

W. I. SMIRNOW: Über regenerierte Erzlagerstätten

G. SAGER: Landgewinnungsarbeiten der Holländer in Gegenwart und Zukunft

G. CHRYPLOFF: Bemerkungen über die Auswertung der Makrofauna der Unterkreide in der Bohrung Werle 5

J. VRBA: Mineralinhalt des Grundwassers in bezug auf die Grenzwerte für Mineralwässer

G. REH: Geologische Auswertung der Erkundungsergebnisse für die mineralische Rohstoffbasis der Sodafabrik Buchenau (Werra)

W. S. WYSCHEMIRSKIJ: Die Verwendung des Inkohlungsgrades bei den Prognosen für die Ölführung

W. MARTENS: Über die Gliederung der Glazialseen

N. M. STRACHOW: Tatsachen und Hypothesen zum Problem der Bildung dolomitischer Gesteine

J. A. KOSSYGIN: Über die Entwicklung der Basisbohrungen in der UdSSR

H.-J. BAUTSCH & A. RICHTER: Ein neues Gießharz als Einbettungsmittel für An- und Dünnschliffe

R. KÖHLER, F. REUTER & A. THOMAS: Geräte für ingenieurgeologische Erkundungsarbeiten in der Sowjetunion

O. OELSNER: Zur Frage der sekundär-hydrothermalen und regenerierten Lagerstätten im Sinne SCHNEIDERHÖHNs

S. SLIWINSKI: Neue Fundorte von Blei- und Zinkerz im Devon der Umgebung von Siewierz

H. GRASSMANN: Die chemische Analyse im Dienste der Lagerstättenbemusterung

K. DETTE: Glasindustrie und Glassandvorkommen in Albanien

W. GOTTE: Zur Diskussion über den „besten" Mittelwert für geologische Erkundungsdaten

W. KNABE: Untersuchungen über die Voraussetzungen der Rekultivierung von Kippen im Braunkohlenbergbau

An unsere Leser!

Zusammen mit diesem Heft werden den Beziehern kostenlos Einbanddecken und das Inhaltsverzeichnis für den Jahrgang 4 unserer Zeitschrift zur Verfügung gestellt. Sollten einige unserer Abonnenten nicht in den Besitz der Einbanddecken gelangen, bitten wir Sie, sich mit der Vertriebsabteilung des Akademie-Verlages in Verbindung zu setzen.

Die Redaktion

FSC
www.fsc.org
MIX
Papier | Fördert gute Waldnutzung
FSC® C083411

Zeitfracht Medien GmbH
Ferdinand-Jühlke-Straße 7
99095 Erfurt, Deutschland
produktsicherheit@kolibri360.de